DX推進から基幹系システム再生まで

デジタルアーキテクチャー

設計・構築ガイド

野村総合研究所 著

Digital
Architecture

日経BP

はじめに

　筆者が社会人となった20年前は、インターネットを中心とした情報技術を意味するIT（Information Technology）という言葉が広く使われていた。IT技術、IT化、IT革命、そして当時のIT企業と言えば米IBM、米Cisco Systems（シスコシステムズ）、米Microsoft（マイクロソフト）、米Oracle（オラクル）などテクノロジー自体を商品としているところが多かった。

　一方、最近ではシリコンバレーを中心に、非ITの業種をテクノロジーによって変革し、既存のビジネスの在り方を根底から揺るがすような新しい企業が出てきている。「金融」と「テクノロジー」を組み合わせた「FinTech」のような造語がはやっているのはそのためだ。さまざまな業界でテクノロジーによるディスラプション（破壊的イノベーション）が起こり、過去の経験則が通用しない世界がやってきた。

　この流れを受け、多くの企業で自社のビジネスをデータ活用やAI（Artificial Intelligence）などの技術を駆使して変革し、デジタル化を果たそうという動きが強まっている。これが本書の主題でもあるDX（Digital Transformation）で、ここ数年の注目キーワードの1つだ。

　こうして新たなキーワードが誕生すると、経営層から「DXのため将来あるべき情報システムの姿を検討せよ」「必要なシステムを構築せよ」と求められるのが情報システム担当者の常である。

　とはいえDXと言われても、具体的に何から検討すればよいのか分からないこともあるだろう。実際、野村総合研究所（NRI）でコ

ンサルティング業務を担う筆者のチームには、日々「DX を推進する情報システム戦略を検討したい」「将来の情報システムや IT アーキテクチャーの全体像を整理したい」といった要望・相談が寄せられている。

　本書は情報システムに携わる皆さんに向け、こうした DX 推進時の疑問の解消に役立てばと願って執筆した。筆者が所属する NRI の IT アーキテクチャーコンサルティング部では、メンバーによる研究・開発をベースとして、さまざまな組織向けに DX 推進のためのコンサルティングを行っている。本書ではこの現場経験を基に、DX に向けた情報システム刷新のポイントを、なるべく体系的に整理した。

　対象読者としては企業の情報システム部門や CIO、システム企画部門の担当者のほか、サービス開発や運用を担う事業部門の担当者など、DX 推進と情報システムに関わる幅広い層を想定している。

　第 1 章では、これまでの IT アーキテクチャーの変遷を振り返りながら、DX に求められる IT アーキテクチャーの全体像を 7 つの階層に分解して解説する。第 2 章では DX に向けて情報システムのグランドデザインを描く「デジタルアーキテクチャー構想」の進め方を見ていこう。第 1 章、第 2 章を通読した後、残りの章については興味のある分野から読んでいただいてかまわない。

　第 3 章～第 8 章では、マイクロサービスやクラウドサービス、アジャイル開発と DevOps、ゼロトラストセキュリティー、データ活用基盤、5G（第 5 世代移動通信システム）などデジタルビジネスの実現に欠かせない各種の技術要素について、事前に検討すべきポイントや、導入の進め方を紹介する。第 9 章では多くの企業で DX の壁となるレガシーシステムへの対処法を、第 10 章では DX 実現に必要な組織・

人材について解説する。

　なお、NRI では同時期に『デジタルケイパビリティ DX を成功に導く組織能力』（以下、デジタルケイパビリティ）という書籍を刊行している。こちらはより経営や新規事業開発に近い視点から、DX の成功に必要な 5 つの能力（ケイパビリティ）を解説した 1 冊だ。『デジタルケイパビリティ』の第 4 章「デジタルアーキテクチャー・デザイン力」を発展させ、情報システムの企画・設計・運用を担うエンジニア向けにより幅広く、かつ深く書き込んだのが本書に当たる。DX チームの一員として、経営や事業計画などの面で DX をどう展開していくべきか興味をお持ちの方は、ぜひ『デジタルケイパビリティ』もお手にとっていただきたい。

　本書を準備中の 2020 年上半期には、テクノロジーによるディスラプションとはまた別の形で大きな変化の波がやってきた。新型コロナウイルスの感染拡大が、人々の働き方や行動様式を大きく変えてしまったのである。大きな変化の中、企業は生き残りをかけて今まで以上に DX を加速させようとしている。こうした企業の DX 推進に、本書が一助となれば幸いである。

2020 年 11 月
筆者を代表して
下田 崇嗣

CONTENTS

本書は日経BPのWebサイト「日経クロステック」に2020年6月〜12月に掲載した連載「DXを支えるITアーキテクチャー構築法」に加筆・修正して再構成したものです。

第1章

DXのための
ITアーキテクチャー概論

1-1　ITアーキテクチャーの変遷と現状の課題

システム開発で「超上流」が重要度を増す理由

　ITの技術革新により、従来のビジネスモデルを変革する新規参入者が次々と登場している。事業を取り巻く環境変化も著しい。企業は競争力維持のため、デジタルトランスフォーメーション（DX：Digital Transformation）を積極的に進める必要がある。

　DXとは一般に、デジタル技術を使って従来のビジネスやサービスの在り方を根底から変えるような取り組みのこと。企業がDXを進める際には、ビジネスの変化に伴って必然的に情報システムのアーキテクチャー（IT アーキテクチャー）も見直しを迫られる。

　とはいえ、DX推進のために整理すべき事項や要素技術は多岐にわたる。そもそも何を検討すべきか、DXをどう進めたらいいか分からない人もいるだろう。

　そこで第1章では従来のシステム開発とDXプロジェクトの違い、IT アーキテクチャーの歴史的変遷、現在の情報システムのよくある構成と課題などを整理しながら、DXの実現に向けて必要な要素をまとめた。通読すれば、DXに求められるIT アーキテクチャーの全体像が分かるはずだ。最初に概要を押さえておけば、第2章以降で解説するテーマ群が、DXの推進にどんな意味を持つかも理解しやすくなる。

　DXのための情報システム開発は、従来の大規模な企業向け情報システム（エンタープライズシステム）とは異なる点が多い。例え

ばこれまで企業の成長戦略は、3〜5年程度のスパンで現状を改善する「積み上げ型」のアプローチで策定されることが多かった。ITアーキテクチャーの変更についても、既存の延長で検討されてきた。

　一方、DX時代には「全く新しい技術の誕生に伴うビジネスモデルの劇的変化」など、非連続な環境変化が起こり得る。つまり短期的な視点で、既存ビジネスの延長線上に改善点を積み上げるだけではうまくいかない。10年程度の長期的な時間軸で、未来の大きなビジョンを描くことが求められるのだ。

　ITアーキテクチャーに関しても、まず将来のあるべき姿を描き、そこから逆算して現状とのギャップを明らかにする必要がある。このギャップを埋めるために必要なものを計画的に検討・導入していく「未来起点」のアプローチが重要だ。

ITアーキテクチャーの変遷からDXを考える

　目指すべきITアーキテクチャーの方向性を見定めるため、まずは1980年代からのITアーキテクチャーの変遷を振り返ってみよう。これまでの経緯を知ることで、自社システムがなぜ現状のような形になっているかを理解できる。今後どのように変化していくべきかを考える手掛かりにもなるだろう。

　ITアーキテクチャーは時代ごとの経営戦略、ビジネスニーズ、有効な要素技術によって変化し続けている。システム形態ごとに変遷の歴史をまとめたのが次ページの**図表1-1**だ。

　1980年代末までのメインフレーム時代は、手作業の機械化が主目的だった。ユーザーはスタンドアロンの端末で、ワープロや表計算などのアプリケーションを利用していた。

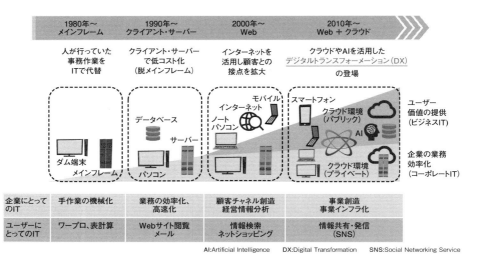

	1980年〜 メインフレーム	1990年〜 クライアント・サーバー	2000年〜 Web	2010年〜 Web ＋ クラウド
企業にとって のIT	手作業の機械化	業務の効率化、 高速化	顧客チャネル創造 経営情報分析	事業創造 事業インフラ化
ユーザーに とってのIT	ワープロ、表計算	Webサイト閲覧 メール	情報検索 ネットショッピング	情報共有・発信 (SNS)

AI:Artificial Intelligence　　DX:Digital Transformation　　SNS:Social Networking Service

図表1-1　企業情報システムの形態の変遷

　1990 年代になるとオープン化（脱メインフレーム）の動きが進み、クライアント・サーバー型システムが普及する。業務の効率化や高速化が図られるようになり、Web サイト閲覧やメール利用も一般化し始めた。

　2000 年代はインターネットの普及によって、企業情報システムの Web 化が進んだ。情報システムの役割はより高度化し、顧客との接点の構築や経営情報の分析などを担うようになった。

　そして 2010 年代から現在にかけて、クラウドサービス（クラウド）の積極的な利用が加速している。情報システムには、既存事業の基盤（インフラ）の役割を果たしつつ、新事業を創造するといった重要な役割が期待されるようになった。

　開発手法についても、時代とともに変化している。アプリケーショ

ンの世界では、Javaなどのプログラミング言語の登場により2000年代からオブジェクト指向での開発が盛んになった。Java EE（Java Platform, Enterprise Edition）と呼ばれる標準仕様のオープン系アプリケーションアーキテクチャーに基づく大規模システムの開発も増えていった。

　それ以前の企業情報システムは業務単位でサイロ化し、モノリシック（一枚岩）な構造を取ることが多かったが、オブジェクト指向以降はシステムを分割して再利用性や汎用性を高める技術が流行した。例えばEJB（Enterprise JavaBeans）による再利用可能なコンポーネント開発や、SOA（Service Oriented Architecture）などのコンセプトを採用したシステムが挙げられる。

　最近では、マイクロサービスというアーキテクチャーが注目を浴びている。新しいもののように思えるが、実際はSOAの延長線上にある。マイクロサービスのコンセプトは、小規模かつ軽量で互いに独立した複数のサービスを組み合わせてアプリケーションを開発するというものだ。マイクロサービスの導入によってアプリケーションを疎結合化し、サービスごとのデプロイ（展開）の柔軟性、拡張性を高める狙いがある（マイクロサービスの詳細は第3章を参照）。

　こうしたITアーキテクチャーや開発手法の変遷は、情報システム開発にスピードとアジリティー（俊敏性、柔軟性）を持たせるために起こってきた。最新のクラウドやマイクロサービスなどの手法は、時流に合ったデジタルビジネスを素早く実現するために、もはや必須となっている。

　一方で、企業の中にはメインフレームやオープン化が不十分なシステムなど、古い環境もしばしば残っている。技術の陳腐化やシステムの肥大化・複雑化により、拡張性・保守性に問題を抱えている

ことが多いため、不良資産やレガシーシステムとも呼ばれる（レガシーシステムの詳細は第 9 章を参照）。

　こうした古いシステムを改善する方法を探り、いかに新しい手法を取り入れた IT アーキテクチャーを具現化するかが DX を進める際の課題だ。この課題に立ち向かうには、IT アーキテクチャーの構想・計画といったいわゆる「超上流工程」の進め方が重要となる。

コーポレートITとビジネスITの違い

　なぜ「超上流工程」が大事なのかをより詳しく理解するため、ここで現在の企業情報システムのよくある構成を整理しておきたい。DX を進める際には社員をユーザーとする社内向け情報システムと、顧客をユーザーとする社外向け情報システムの 2 種類を上手に連携させる必要がある。ここでは前者を「コーポレート IT（CIT）」、後者を「ビジネス IT（BIT）」と呼ぶ。

　米国のマーケティングコンサルタント、ジェフリー・ムーア氏の定義ではコーポレート IT は「記録のためのシステム」を意味する SoR（Systems of Record）、ビジネス IT は「ユーザー視点を取り入れ企業とユーザーをつなぐエンゲージメントシステム」を意味する SoE（Systems of Engagement）と呼ばれる。両者の全体像をまとめると**図表 1-2** のようになる。

　コーポレート IT はオペレーションの効率化を目的とした、社内ユーザーが利用する業務用サービスが中心である。人事給与、財務会計、生産管理、在庫管理、受発注管理といった企業の業務と直接関わる基幹系システム群だ。品質と安定性を重視して、ウオーターフォール型でしっかりと開発することが多い。長年実績のある IT

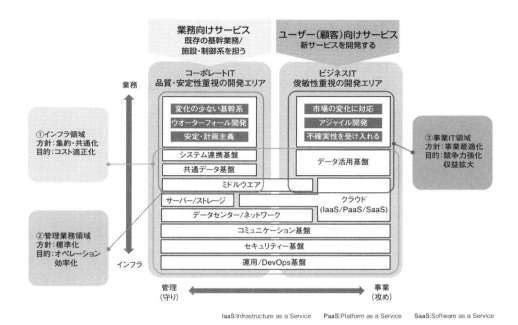

図表1-2 コーポレートITとビジネスITの全体像

アーキテクチャーを採用した、モノリシックな構造のアプリケーションが一般的だ。

　一方ビジネス IT は、競争力強化や収益拡大を目的とした、顧客（一般消費者）が利用するサービスが中心である。開発やシステムのライフサイクルのスピードを速めるため、DevOps 環境を利用してアジャイル型で開発することが多い（アジャイル開発と DevOps の詳細は第 5 章を参照）。市場の変化に迅速に対応するため、クラウドやマイクロサービスなどを取り入れた新しい IT アーキテクチャーが求められる。

　両者はさまざまな点で違いがあるため、古くから存在するコーポレート IT のやり方がそのまま新しいビジネス IT に適用できるわけではない（**図表 1-3**）。DX を実現するには、この 2 種類のシステムの違いを理解しつつ共存・連携させる必要がある。そのためには開発前の企画段階、システム全体の青写真を描く際の「超上流工程」から気を配る必要があるのだ。

	コーポレートIT	ビジネスIT
ジェフリー・ムーア氏の定義	SoR（Systems of Record）	SoE（Systems of Engagement）
システム領域	業務向けサービス 既存の基幹業務/施設・制御系を担う	ユーザー（顧客）向けサービス 新サービスを開発する
システム特性	品質、安定性重視	不確実性を受け入れる（俊敏性、柔軟性、 継続的な変更）
アプリケーションアーキテクチャー	モノリシック	疎結合、クラウドネイティブ マイクロサービス
期待値	ROI（Return On Investment） 効率性、コスト削減	事業競争力 顧客価値向上
システム利用者	社内、パートナー （特定）	顧客、消費者 （不特定多数）
管理主体	システム部門	ユーザー部門
開発スタイル	ウオーターフォール 明確な要件 請負	アジャイル 曖昧な要件、トライアル&エラー 準委任
リリース間隔	長期（月、年単位）	短期（日、週単位）
マネジメント	トップダウン	ボトムアップ

図表1-3　コーポレートITとビジネスITの違い

1-2　DX時代のITアーキテクチャー論理モデル

DXに必要な構成要素を
7階層ですっきり理解

　1-1 の説明で、DX の実現には新旧のさまざまな要素技術や設計・開発手法への理解が必要なことが分かるだろう。押さえるべき要素が多岐にわたるため、DX に必要な IT アーキテクチャーの全体像を把握するのは困難に思えるが、以下のように 7 階層に分けて考えると理解しやすい。

　● DX を支える 7 階層の IT アーキテクチャー
（1）チャネル層
（2）UI/UX 層
（3）デジタルサービス層
（4）サービス連携層
（5）ビジネスサービス層
（6）データサービス層
（7）データプロバイダー層

　この 7 階層を論理モデルとしてまとめたのが次ページの**図表 1-4**だ。1-2 ではこの図を参照しつつ、7 階層それぞれの特徴と押さえるべき要素技術や仕様、よくある課題について順番に見ていく。また、1-2 では第 2 章以降で紹介するキーワードが、DX を支える IT アーキテクチャーのどこに位置づけられるかも把握しておこう。

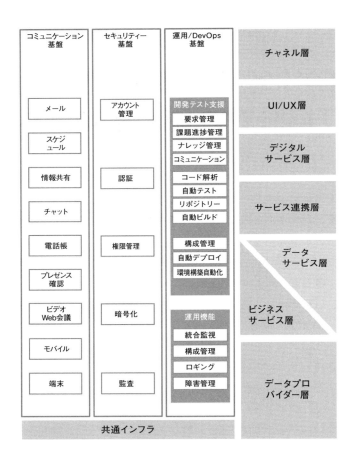

図表1-4　DX実現に必要なITアーキテクチャーの論理構成モデル

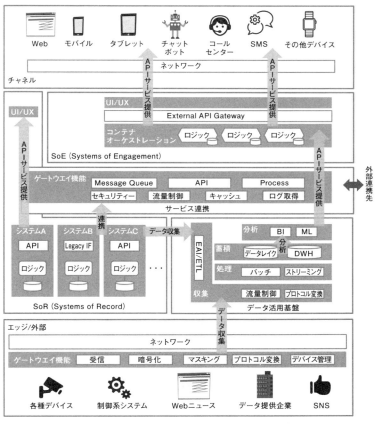

API:Application Programming Interface
BI:Business Intelligence
DWH:Data Warehouse
EAI:Enterprise Application Integration

ETL:Extract, Transform, Load
IF:Interface
ML:Machine Learning
SMS:Short Message Service

UI:User Interface
UX:User Experience

　既出のクラウドやマイクロサービスのほかにも、アジャイル開発
や DevOps、ゼロトラストセキュリティー、5G（第 5 世代移動通信
システム）などいくつか押さえておきたいキーワードがある。これ
らが 7 階層のどこに関係するのか知っておくと、第 2 章以降が理解
しやすくなるはずだ。

　では、（1）～（7）の 7 階層を順番に見ていこう。

（1）ユーザーとの最初の接点となる「チャネル層」

　ユーザーとサービスとの最初の接点となる部分の階層。パソコン、
スマートフォン、タブレットなどの端末、そこからアクセスするア
プリケーション（Web ブラウザー、チャットボット、SMS など）
のほか、コールセンターなどの顧客サービスもチャネル層に当たる。
スマートウオッチやカーナビのようなデバイスや、アクセス用のネッ
トワークも含まれる。

（2）画面デザインを提供する「UI/UX層」

　ユーザーが利用するサービスのインターフェース部分の階層。ア
プリケーションの画面デザインやボタン、テキストなどの UI（User
Interface）デザインや、一連のサービス利用体験そのもの（UX：
User Experience）を指す。使いやすく新しいユーザー体験を実現
する機能が求められる。最近では文字や 2D グラフィックに加え、
音声認識や AR（Augmented Reality、拡張現実）、VR（Virtual
Reality、仮想現実）、3D グラフィック、触覚の伝達などさまざま
なインターフェースが登場しており、目的に合わせて適切なイン
ターフェースの選択が可能となっている。

(3)ビジネスITを実現する「デジタルサービス層」

　顧客（一般消費者）が利用するサービスを提供する階層。1-1 で紹介したビジネス IT を実現する階層に当たる。

　迅速なサービス開発やシステム変更の容易さ、柔軟性の高さが求められるため、API（Application Programming Interface）やマイクロサービスを採用した疎結合な構造を取るのが望ましい。

　もう少し具体的に説明すると、プロダクト指向の考えに基づいて「サービスプロダクト」「機能プロダクト」という 2 種類のシステムを構築するとよい。この 2 種類を用意することで、システムがシンプルになる。

●サービスプロダクト
利用者の視点に立って構築する。機能プロダクト（後述）が提供するデータを利用して、ユーザビリティを優先しつつユーザーとの接点（チャネル）単位でアプリケーションを用意する。

●機能プロダクト
データを中心に設計・構築する。データの配置を一元化し、他のアプリケーションからのデータの参照・更新機能を API として提供する。

　アプリケーションについては、コンテナ技術を利用することで柔軟性を高める。コンテナは、OS 上のアプリケーションの動作環境を仮想的に複数に区切った単位のこと。各コンテナは OS や他のアプリケーションのプロセスから隔離された環境になるため、システム変更が容易で、再利用性も高くなる。

（4）社内外を接続する「サービス連携層」

　デジタルサービス層とビジネスサービス層（後述）、デジタルサービス層とデータサービス層（後述）、自社システムと外部企業のシステムとの連携を実現する階層。メッセージング連携や API 連携の機能を有している。他の階層からの接続を受け付けるゲートウエイのような役割を果たしており、リクエスト処理の適切なルーティング、アクセス制御および流量制御、同じリクエストの 2 回目以降の要求に素早く対応するためのキャッシング機能、ロギング（ログ記録）機能などを備える。

（5）基幹系システムを支える「ビジネスサービス層」

　社内ユーザーが利用するサービスを提供する階層。1-1 で紹介したコーポレート IT を実現する階層だ。長年、企業のビジネス活動を支えてきた基幹系の業務サービスなどが該当する。メインフレームや大規模なオープン系システムなどが残っている企業も多い。

　こうしたレガシーシステムは DX 推進時に刷新が必要そうに思えるが、実際には必ずしも完全に新システムに置き換える必要はない。DX の実現に当たっては（3）で紹介したデジタルサービス層との連携強化が鍵となる。

　顧客の視点に立ってデジタルサービス層をフロントエンドと位置づけると、ビジネスサービス層はバックエンドに当たる。両者は互いに連携して動作し、ビジネスサービス層が提供する業務サービスやトランザクション処理によって蓄積されたデータ群を、デジタルサービス層が利用することがある。

　例えばスマートフォンから商品の在庫情報をリアルタイムに把握するサービスが必要な場合、新規にデジタルサービス層の機能開発

はせず、既存のビジネスサービス層の機能を呼び出すといったケースだ。

　ただし重厚につくられたビジネスサービス層にとっては、「在庫情報の検索」といったデジタルサービス層から使いやすい機能を単独で提供するのが難しいことも多い。つまりビジネスサービス層の機能を他の階層向けに柔軟に提供できるようなAPIの整備や、場合によってはサービス構造の見直しが必要となる。

(6) データ活用のための「データサービス層」

　社内外のデータを収集・蓄積し、データ同士のつながりを手掛かりに、新たなビジネスチャンスやサービス価値の創造を実現するための階層。データ活用基盤やデータ分析基盤、SoI（Systems of Insight）とも呼ばれる。

　データサービス層では、デジタルサービス層、ビジネスサービス層、データプロバイダー層（後述）からさまざまなデータを収集・蓄積する。これらを利用可能な形に加工し、分析して活用する。分析に当たっては統計解析や機械学習、AI（Artificial Intelligence、人工知能）などの技術を活用する。

　データサービス層については、必要な機能や具体的なデータ処理方式の検討ばかりが重視され、将来的な拡張性や維持管理などの観点が抜け落ちやすい。さらに、企画立案や実証実験の段階では、運用管理やセキュリティー面での課題が後回しになることも多い。漏れなく検討事項に当たるためには、データサービス層での「データ分析に必要なプロセス」「扱うデータの構造」「データの処理方式」などを基に、自社で必要な機能要素を事前に洗い出して整理しておくとよい。

　またデータ活用基盤は導入してすぐに目に見える効果が上がること は珍しく、試行錯誤が必要だ。短期間では投資対効果が見えにくく、手戻りが起こることも多い。高額なベンダー製品やツールを大がかりに採用すると、無駄が生じることもある。

　そのため Hadoop（データを複数のサーバーに分散して並列処理するソフトウエア）や R（統計解析言語・環境）に代表されるオープンソースソフトウエア、米 Amazon Web Services（アマゾン・ウェブ・サービス）や米 Microsoft（マイクロソフト）のようなクラウドベンダーが提供するマネージドサービスを使ってデータ分析環境を構築する企業が増えている（データ活用基盤の詳細は第 7 章を参照）。

（7）データの源泉となる「データプロバイダー層」

　データサービス層につながる、データの源泉となる階層。データを集める対象はパソコンやスマートフォンだけではない。近年は、これまでデジタル化されていなかった工場などさまざまな設備の IoT（Internet of Things）化が進みつつある。温度、湿度、加速度、圧力、音など幅広い情報をセンサーやカメラなどのデバイスから収集可能となっているのだ。

　一般に、デバイス類が収集したデータをそのままクラウドなどに送信すると大容量の通信回線が必要となってしまう。そのため、IoT のシステムではデータが発生した現場に近い場所（エッジ）でデータを一度処理する「エッジコンピューティング」を採用することが多い。エッジ側に負荷を分散することで、データ処理の待ち時間を短くし低遅延を実現する狙いだ。

　データを集めるデバイスにリソース上の制限がある場合は、IoT

ゲートウエイを用意する。IoT ゲートウエイは複数のデバイスから
のデータを一時的に収集し、マスキングや暗号化、プロトコル変換
などの処理をしてからクラウド上のサーバーに送信する。今後、超
低遅延の特徴を持つ5G の商用サービスが本格化すると、エッジコ
ンピューティングの効率が劇的に向上する可能性がある（5G の詳
細は第 8 章を参照）。

　なおデータプロバイダー層では、自社では集められないデータも
収集・分析の対象となる。Web 上のニュースや SNS への投稿、建
物や施設の情報、天気、交通量など行政やデータ提供事業者から得
られる外部データの取り扱いも考慮しておく必要がある。

1-3　必須の共通インフラ、3種類を知る

コミュニケーション、運用、セキュリティーの基盤を整える

　DX を推進する上では、1-2 で紹介した7階層のシステムが共通して利用する基盤（共通インフラ）も重要だ。共通インフラが整っていなければ、そもそも迅速なアプリケーション開発や、システムの安定運用は難しい。

　1-3 では「コミュニケーション基盤」「セキュリティー基盤」「運用 /DevOps 基盤」という3つの共通インフラを紹介する（1-2 の図表 1-4 の左側にある「共通インフラ」部分）。

　こうした共通インフラ部分をいかに整備できているかは、DX の進展に大きな影響を与える。DX を下支えするためにどんな機能を備えておくべきか、ポイントを押さえておこう。

競争力を下支えする「コミュニケーション基盤」

　メール、チャット、ビデオ会議、電話帳や情報共有などのコミュニケーション機能と、パソコンやモバイル端末などのコミュニケーションデバイスから成る基盤である。時間と場所の制約を排除した、シームレスなコミュニケーションを実現する。

　コミュニケーション基盤を充実させることで多様な働き方が可能となり、ワークスタイル変革の推進や事業競争力の向上につながる。最近では新型コロナウイルス感染拡大の影響でリモートワークが広

がったため、企業でコミュニケーション基盤を整備する動きは急速に進んでいる。

ゼロトラストに注目集まる「セキュリティー基盤」

　不正侵入、盗聴、改ざん、情報漏えいなどセキュリティー上の脅威に対して、認証やアクセス制御、暗号化などの対策を講じるための基盤。近年は標的型攻撃やAPDoS（Advanced Persistent DoS）攻撃など、サイバー攻撃の手口がますます巧妙化しており、システムに対する脅威は増す一方だ。

　これまでのセキュリティー対策では「インターネット」「社内LAN」などとネットワークを区分けし、その境界ごとにファイアウォールやIDS（Intrusion Detection System、侵入検知システム）、IPS（Intrusion Prevention System、侵入防止システム）などを設置して不正な通信を監視・防御する「境界防御型（ペリメタモデル）」が主流だった。

　ペリメタモデルは、「守るべきものは境界の内側にある」「脅威を境界の内側に入れない」「信頼されたエリアからのアクセス認証は省略する」という考え方である。一度アクセス認証を通過したユーザーや端末は信頼できると判断するため、企業システムの内部で発生する脅威には対応しにくいのが課題だ。

　しかし、近年はクラウドやIoTの導入、モバイル活用、企業間でのAPI連携が進み、ネットワークの境界が曖昧となっている。境界だけを防御しても、安全性を担保するのは難しい。

　そこでネットワークの内と外を区別せずに全ての通信を検証確認し、厳密なアクセス管理を徹底する「ゼロトラストモデル」という

考えが注目されている。「ゼロトラストネットワーク」「ゼロトラストセキュリティー」とも呼ばれる。今後のセキュリティー基盤を考える上では押さえておいた方がよいコンセプトだ（ゼロトラストの詳細は第 6 章を参照）。

迅速なサービス提供をする「運用/DevOps基盤」

　システムの運用機能と、DevOps の機能を提供する基盤も必要だ。運用面では監視やロギングなどの機能を整備することで、システムの安定的な稼働や維持管理を可能にする。DevOps は開発部門（Development）と運用部門（Operation）が連携・協力して、サービスの開始や更新にかかる時間を短縮するための環境を指す。

　まず運用面については、従来のオンプレミス環境での稼働を前提としたシステム運用と、クラウドの運用を統合していく必要がある。複数のクラウドを使ってシステムを構築する企業もあるため、マルチクラウドを統合する運用基盤も求められる。コンテナやサーバーレスなど、クラウド上のアプリケーション実行環境の管理機能も必要だ。

　一般に、管理コンソール機能はクラウドごとに異なる。オンプレミス環境やマルチクラウドも含めて統一した運用を実現するには、そのためのインターフェースが必要だ。クラウド事業者やシステムインテグレーターの一部は、こうした複数環境を統合管理するサービスを提供している。

　DevOps 基盤はシステムのリリースまでの一連のプロセスにおいて、開発やテストを支援する。主な機能は以下の 3 つだ。特に顧客（一般消費者）向けサービスでは、ユーザーの反応を見ながら迅速

にサービスを改善し、強化していく取り組みが必要となる。DevOps 基盤は、それを実現するために欠かせない存在といえる（DevOps の詳細は第5章を参照）。

●情報共有機能
特に開発のプランニング段階で重要となる。開発案件の透明性を高めるため、リクエストの管理や課題・進捗管理を行う機能のほか、組織間のナレッジ共有やコミュニケーションをスムーズにする機能が必要だ。

●継続的インテグレーション（Continuous Integration）機能
システムの柔軟性を高めるには、システム間は疎結合にし、プロダクト指向に基づいて開発を進めるのが望ましい。アプリケーションのリリース単位で実現する機能は必要最低限にするため、コーディング、ビルド（実行ファイルの作成）、テストを頻繁に行い、デリバリーの高速化を実現するための継続的インテグレーション機能が必要となる。

●継続的デリバリー（Continuous Delivery）機能
開発したアプリケーションは、最終的に本番環境へデプロイ（展開）してリリースする。そのためリリースプロセス全体を最適化して継続的なデリバリーを実現するための「環境構築自動化」「デプロイの自動化」「構成管理の効率化」機能が必要になる。

第2章

DXの「超上流工程」の進め方

2-1　DXで「超上流工程」が重要なわけ

DX推進を妨げる、
レガシーシステム3つの課題

　第 1 章では 7 階層に分けて DX（Digital Transformation）を支える IT アーキテクチャーの全体像を整理した（1-1、図表 1-4 参照）。とはいえこの一般的な全体像が、あらゆる業種・業界にそのまま適用できるわけではない。業界ごとに異なるニーズや課題を洗い出し、古いシステムとの共存に配慮しつつ、自社に合った IT アーキテクチャーを構築する必要がある。

　そのためには、自社に最適なシステムの構想を練り、全体のグランドデザインを描く企画・設計段階の作業が肝心だ。第 1 章でも触れたように、いわゆる「超上流工程」の重要性が問われる。

　第 2 章以降は、企業の DX に必要な IT アーキテクチャー（デジタルアーキテクチャー）設計のための「超上流工程」を、「デジタルアーキテクチャー構想」と呼ぶ。企業ごとに異なるビジネス要件に合致したデジタルアーキテクチャー構想を実現するにはどうしたらいいかを見ていこう。

「スピード、アジリティー」と「データ活用」が必要

　2-1 では、そもそもなぜデジタルアーキテクチャー構想が重要かを押さえておきたい。たいていの企業において、DX に求められる要素と現状のシステムとの間にはギャップがある（**図表 2-1**）。デジ

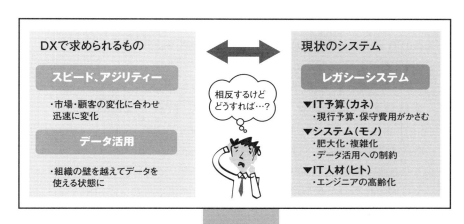

図表2-1 DXで求められるものと現行システムの抱える課題

タルアーキテクチャー構想の目標は、このギャップの解消にある。

　DX時代には、ビジネスにおいて情報システムが担う役割が増していく。その結果、近年の情報システムには以前にも増して「スピード、アジリティー」（速さ、俊敏性／柔軟性）と「データ活用」が求められるようになってきた（図表2-1の左側）。

　スピードとアジリティーは、ビジネスの変化に迅速に追随できることを指す。特に顧客（一般消費者）向けのサービスを実現する「ビジネスIT」の領域では、市場の変化に合わせて素早くシステムを改

修する必要がある（「ビジネス IT」の詳細は 1-1 を参照）。顧客の潜在的要求にいかに早く対応できるかが、企業の競争力を高め、ビジネスを勝ち抜く鍵となる。

　データ活用は、部門や自社・他社の垣根を越えて、必要なデータを使いたいときに使える状態を指す。近年は AI（Artificial Intelligence、人工知能）や IoT（Internet of Things）の発展により、あらゆる情報の収集・分析が可能となってきた。

　これまでのデータ活用は、主に経営情報やリスク管理、業務改善を目的としていたが、近年はサービスの高度化や新たな価値創造がターゲットとなりつつある。データは、DX 時代のビジネス競争力の源泉といえるだろう。

個別最適では対応できない！ あるべき全体像を描こう

　スピードとアジリティーを備え、データ活用に対応した新しい IT アーキテクチャーは、部門ごと、システムごとに個別最適化を図っても実現しにくい。

　例えば、「企業内の 1 つのシステムだけでスピードとアジリティーの向上に取り組んでも、他システムとの接続部分の対応が間に合わない」などのケースが考えられる。「あるサービスでデータ活用を進めても、他サービスのデータがタイムリーに更新されないため、中途半端な分析しかできない」ことも珍しくない。システムごとの取り組みにとどまらず、企業全体の IT アーキテクチャーを見据える必要がある。そうなって初めて、情報システムがビジネスの足かせにならない状態を作ることができる。このように企業全体の新システムの青写真を描き、その実現に向けてロードマップを決めて関

係者間で合意を得るための作業が「超上流工程」、つまりデジタルアーキテクチャー構想に当たる。

DXの前に立ちはだかる「レガシーシステム」

　一方、DX を進めるに当たって多くの企業が直面する課題が「古くから使われている情報システム（レガシーシステム）の処遇」だ（図表 2-1 の右側）。

　JUAS（日本情報システムユーザー協会）と筆者が所属する野村総合研究所（NRI）が共同で行った調査結果では「レガシーシステムの存在が、デジタル化の進展への対応の足かせになっていると感じますか」という質問に対し、およそ 8 割弱が「強く感じる」「ある程度、感じる」と回答している（次ページの**図表 2-2**）。

　レガシーシステムの抱える課題は、IT 予算（カネ）・システム（モノ）・IT 人材（ヒト）の 3 つに分けられる。

　IT 予算（カネ）の観点では、現行ビジネスの維持・運用費が、限りある予算の大部分を占めてしまう問題がある。将来に向けた戦略的な投資に、十分な予算を振り分けられないのだ。さらに、現行ビジネスに必要なハードウエアや OS には保守費用がかかる。システムが古くなるほど保守要員・保守部品の確保が困難になり、結果として当初より予算が増えるケースが多い。つまり、古いシステムはただ使い続けるだけで維持・運用費が増加する傾向にあるのだ。

　システム（モノ）の観点では、レガシーシステムが機能追加やシステム更改を重ね、複雑化・肥大化してしまう問題がある。その結果、「新しいビジネスに必要な機能が実装できない」「実装に時間がかかりすぎてビジネスチャンスを生かせない」といった事態を招く。

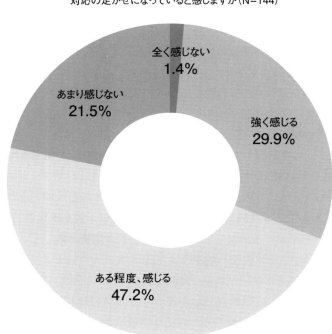

レガシーシステムの存在が、デジタル化の進展への
対応の足かせになっていると感じますか（N=144）

全く感じない
1.4%

あまり感じない
21.5%

強く感じる
29.9%

ある程度、感じる
47.2%

出所）JUAS・NRI共同「デジタル化の取り組みに関する調査」（2020年5月）

図表2-2　8割弱の企業がレガシーシステムを「足かせ」と感じている

また、デジタルビジネスではデータ活用が欠かせないが、「既存シス
テムの制約で新システム（サービス）側に必要なデータをタイムリー
に提供できず、ビジネスに生かせない」ケースも多い。
　IT 人材（ヒト）の観点では、メインフレームや COBOL などの

古いプログラミング言語で構成されたシステムを扱えるエンジニアの高齢化・退職が課題だ。システムのブラックボックス化が進んで「誰も触ることができない」状況に陥ると、新しいサービスとの連携やシステム刷新は難しい。

　これらの問題は企業全体の情報システムを硬直化させ、DXの推進を鈍化させる。しかし、現行のレガシーシステムを完全に無視して、新しいシステムやサービスの検討を進めるのも非現実的である。今あるシステムで業務を継続させながら、徐々にDXに適した形に進化させなければいけない（レガシーシステムの切り替え手順の詳細は第9章を参照）。こうしたレガシーシステムとの共存を実現するためにも、まずはデジタルアーキテクチャー構想によるシステム全体像を描くことだ。

　以上のように、デジタルアーキテクチャー構想はDXに求められるスピードとアジリティーを実装し、レガシーシステムの課題を克服するという2つの目的を達するために必要な、非常に重要な手続きである（図表2-1の下側）。次の2-2では、実際にデジタルアーキテクチャー構想を進める際の手順をもう少し詳しく見ていこう。

2-2　デジタルアーキテクチャーを8工程で実現

デジタルアーキテクチャーを自社システムに落とし込む方法

　DXで求められる「スピード、アジリティー」と「データ活用」の要素を自社の情報システムに落とし込むにはどうしたらいいか。2-2では、そのために必要な「超上流工程」すなわちデジタルアーキテクチャー構想のプロセスを解説する。

疎結合なシステム上で全社的なデータ活用を目指す

　スピードとアジリティーの実現には、特性が異なる複数のシステムを疎結合にすることが重要だ。従来の業務システムを中心とした「コーポレートIT」の領域では、品質・安定性が重視され、改修スピードはそこまで求められない。一方、顧客（一般消費者）が利用するサービス中心の「ビジネスIT」の領域では、市場の変化に迅速に対応しなければならない。DXを進める際には、コーポレートITとビジネスITのように異なるタイプのシステム間の連携が求められる（コーポレートIT、ビジネスITの詳細は1-1を参照）。

　複数のシステムを相互に疎結合に保ちつつ連携させるには、新たに「API（Application Programming Interface ）ゲートウエイ」などシステム間連携を担う層を設けるとよい。あるシステムを改修した際の変更点をAPIゲートウエイが吸収してくれるため、他システムへの影響が少なくなる。結果としてシステム変更に伴う調査

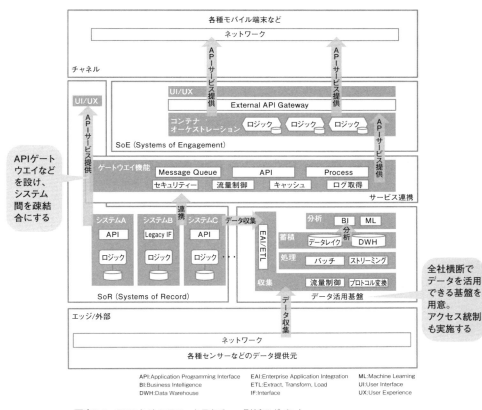

図表2-3　DXのためのITアーキテクチャー刷新のポイント

や、他システムの対応待ちの時間を節約できる（**図表2-3**の左側）。

　データ活用の実現には、システムが1つずつ個別対応するのでは
不十分だ。全社横断でデータを活用するための仕組みが必要となる。
コーポレートIT、ビジネスITの双方で発生したデータを収集し、
経営判断に有益な分析結果を得られるデータ活用基盤を備えておき

たい。このデータ活用基盤には、ビジネス上の意思決定を支援する機能もあるとよいだろう（図表2-3の右側）。

業種によっては、あらゆるモノをネットワークでつなげ、膨大なデータを収集・蓄積するIoTプラットフォームも必要となる。その際、企業内には全社で共有してよいデータとそうではないデータが存在するため、データに対するアクセス統制が必須だ。

IT部門主導で、将来像から逆算して新構成を描く

スピードとアジリティー、そしてデータ活用を実現するためのポイントが整理できたところで、より具体的なデジタルアーキテクチャー構想のプロセスの説明に移ろう。

デジタルアーキテクチャー構想のプロセスは、従来の情報システムの上流工程とは２つの点で異なる。１つ目は、デジタルアーキテクチャー構想では「将来のあるべきシステムの姿」を先に描き、そこを検討の出発点とすることだ。

従来は現行システムを可視化するとともに現状の課題を分析し、その結果を基に新システムを構想するのが一般的だった。

一方、DXのための新しいITアーキテクチャー（デジタルアーキテクチャー）を検討する際は、まず「これから始めるデジタルビジネス」や「将来の自社のあるべき姿」を明確にする。これらを実現するために今後、情報システムが担うべき役割を思い描き、必要な機能を設計する「未来起点」の発想が必要となる。本来、DXは技術革新を利用して、既存のビジネスを根底から見直すような取り組みを指す。既存システムの延長線上で物事を考えていては、DXプロジェクトはうまく行かない可能性が高いのだ。

　2つ目は、デジタルアーキテクチャー構想は情報システム部門が率先して進める点である。従来のシステム開発の上流工程では、ビジネス要件や業務要件を受け、事業部門と情報システム部門が協業して新システムの構想を担ってきた。DXを実現するためのデジタルアーキテクチャー構想においては、具体的なビジネス要件が事業部門から出てくる前に、情報システム部門が動きだすのが望ましい。

　デジタルビジネスの環境は変化が激しく、次々出てくる新しい要件に短期間で対応しなければならない。情報システムがビジネスの足手まといにならないよう、ビジネスの課題や要件が明らかになる前にスピードとアジリティーを備え、データ活用に対応した環境を先んじて整備しておく必要がある。

「超上流工程」を検討する8段階のプロセス

　2つの特徴を踏まえつつ、デジタルアーキテクチャー構想の検討プロセス（工程）をもう少し詳しく見ていこう。検討プロセスは、次ページの**図表2-4**にまとめた8段階に整理できる。

　各工程の検討内容および考慮すべきポイントを順番に押さえていこう。

〔1〕デジタルアーキテクチャー構想計画
　デジタルアーキテクチャー構想（超上流工程）の背景や目的、検討範囲を明確にしたうえで、スケジュールや実行体制・会議体などを規定する。関係者間で合意を取るプロセスも明確にしておこう。企業全体の新しいITアーキテクチャーを検討するため、情報システム部門が主導しつつ、事業部門や経営層も巻き込むことが重要だ。

図表2-4 デジタルアーキテクチャー構想の検討プロセス8段階

各部門の最終意思決定者も含めた体制を構築し、節目のレビューに参加してもらう。これにより、経営層を含めた企業全体の方針とITアーキテクチャー刷新の方向性をすり合わせながらプロジェクトを進められる。また、ITアーキテクチャーに対する理解が全社的に深まるため、「プロジェクトの後半になってから経営層と意見が合わず、検討内容がひっくり返る」といった事態を避けられる。

〔2〕将来のシステムへの期待確認

　経営層や事業部門の責任者が定めた事業計画を踏まえ、情報システムに対する具体的な期待や要請を引き出す。

　中期経営計画などの事業戦略は多くの企業で作られているが、システムへの期待は記載されていないこともある。その場合は経営層・事業部門へのヒアリングや、事業計画のドキュメントの確認などを

実施しよう。企業の事業戦略に対してシステムがどのように貢献できるか、改めて検討する。

〔3〕システム全体に対するニーズ整理

　事業部門に対するヒアリングやドキュメントの確認を通じて、情報システム全体に対するニーズを整理しておく。これらは、後工程で活用するために文書化しておくとよい。

　ここで重要なのは、新しい IT アーキテクチャーの全体像を見据えたニーズを洗い出すことだ。「アプリケーションの画面をこう作り変えたい」など、目先の細かいニーズは除外しよう。IT アーキテクチャー全体像の策定に寄与する、ある程度抽象化されたニーズに対象を絞って整理する。

　例えば、「新たにデータ分析に取り組みたいが、社内のどこにどのようなデータがあるか分からない」といったニーズが考えられる。

　ビジネスの将来像が不透明な場合は、事業部門から具体的なニーズが出てこないケースもある。その際は、「迅速に改修できる」「データ活用ができる」など、今後のシステムに汎用的に求められる要件を整理しよう。それをニーズとして、デジタルアーキテクチャー構想の検討を進める。

〔4〕技術動向調査

　最新の技術トレンドや将来的に登場が見込まれる技術を整理し、デジタルアーキテクチャー構想の検討材料とする。

　テクノロジーの変化のスピードは速い。例えばクラウドは今や企業の情報システムに欠かせない基盤として広く認知されているが、導入が始まってからまだ 10 年もたっていない。野村総合研究所が

ITに関する将来の技術動向をまとめた「ITロードマップ」では、2009年に初めてクラウドコンピューティングを取り上げている。

　つまり今はまだエンタープライズレベルで使われていない技術でも、将来的に広く普及する可能性がある。今後の技術トレンドを把握し、仮説を立てながらさまざまな技術を検討しておくことが重要である。

〔5〕改革コンセプトの検討

　「〔2〕将来のシステムへの期待確認」で導き出したニーズを分析し、情報システムの「改革コンセプト」を定義する。改革コンセプトとは、いわばこれから具体化する新しいITアーキテクチャーの方向性を示すミッションステートメントのようなもの。皆に理解されやすいように「1行程度で収まるもの」を「2～3個以内」で定義するのがよい。

　例えば、「ビジネス価値を最大化するため、柔軟にデジタルサービスを提供すること」や「データドリブンなビジネス実現のため、多種多様なデータの分析・活用環境を提供すること」などが挙げられる。

〔6〕アーキテクチャー仮説の立案

　情報システムの想定利用シーンに対して、企画中の新しいITアーキテクチャーが有効に機能するかどうか仮説を立案・検討する。

　ここでは現在のシステムの制約をいったん度外視し、利用者目線でシステムの利用シーンを想定してみよう。すると、あるべき新しいITアーキテクチャーがどんなものか、仮説が見えてくる。現時点で想定される利用シーンだけでなく、将来的に実現したいシステ

ムも含めて使い方を想像しておこう。

　例えば、「法制度に素早く対応するため、柔軟性が高く疎結合なアーキテクチャーを作る」「リアルタイムに他システムや他社とデータ連携するため、データ連携基盤を整備する」「マーケティング戦略を立案するため、全社的なデータ分析基盤を整備する」などの仮説が考えられる。

〔7〕デジタルアーキテクチャーの検討

　〔6〕で検討したアーキテクチャー仮説と、DX のための IT アーキテクチャー（デジタルアーキテクチャー）の論理的構成モデル（1-2 の図表 1-4 を参照）を活用し、検討対象に抜け・漏れがないか確認する。併せて、企業全体の IT アーキテクチャーとシステム開発の方向性を定義する。

　具体的には、まずはアーキテクチャー仮説や現行システムをベースに、将来的に実現したいデジタルビジネスに必要なシステムを洗い出そう。その後、IT アーキテクチャーの論理的構成モデルを活用し、洗い出されたシステムに不足がないかを確認したうえで、種類ごとに分類する。

　種類によって、システムに求められる特性は異なる。例えば品質・安定性重視か、俊敏性・柔軟性重視か。あるいは、競争が激しい領域向けか、コモディティー化された領域向けかなど、システムごとに特徴はさまざまだ。その種別に応じてシステムをどう開発すべきか、方向性を定めていく。例えば「新たにスクラッチ開発する」「既存システムを活用・塩漬けする」「パッケージ・SaaS を利用する」などのパターンが考えられる（詳細は 2-3 を参照）。

　なおこの時点では、最終的に必要となる全てのシステムが洗い出

されているとは限らない。将来的に追加するシステムが出てきた際
にも適用できるよう、システムの種類ごとに開発や整備の方針を決
めておくとよい。

〔8〕ロードマップ策定

　〔1〕～〔7〕まで検討してきた新しいITアーキテクチャーの全体
像はあくまで机上の結論で、実効性は見極められていない。実際に
は、描いたITアーキテクチャーに従って構築したシステムを検証し、
〔5〕の改革コンセプトが実現できているか確かめる必要がある。そ
のため最終段階の〔8〕では、構築後の効果検証の計画も含めたロー
ドマップ策定が求められる。

　一般的なロードマップのステップは「プロセス・ルール検討期」「ト
ライアル試行期」「展開期」の3つに分けられる。

　「プロセス・ルール検討期」には、ITアーキテクチャーの刷新に
向けて運用プロセスやルールを検討する。〔1〕～〔7〕までにまと
めた机上の新しいITアーキテクチャーを、現場の実システム上に
どう落とし込むか具体的に考える。

　「トライアル試行期」には、実際にシステム開発案件に対して新
ITアーキテクチャーを適用してみる。そのうえで、新ITアーキテ
クチャーの定めたコンセプトが想定通り機能するか検証する。シス
テム更改時期などを見極めたうえで、手の付けやすいシステムから
試行していくのがよい。そうして小規模な成功体験を積み重ねるこ
とで、企業全体のシステム刷新に対する社内の抵抗感を拭い去る。

　「トライアル試行期」にいくつかのシステムを刷新することで、情
報システム部門には新しいITアーキテクチャー適用時のノウハウ
がたまってきているだろう。それを受けて、「展開期」には新ITアー

キテクチャー導入時の基本ルールを整理し、定着させていく。この
基本ルールは新しいシステムが稼働するたびに検証し、自律的・継
続的に改善していこう。

2-3　レガシーと共存するシステム切り替え術

レガシーは「塩漬け」でもよい
新旧システム共存3つの注意点

　DXのための「超上流工程」（デジタルアーキテクチャー構想）を進めるに当たり、現行システムを無視した検討は意味をなさない。新しいITアーキテクチャー（デジタルアーキテクチャー）を一部システムに適用しつつ、古いシステムと共存して業務を継続しながら、徐々にシステム全体をDXに適した形に進化させる必要がある。

　2-3ではこうした既存システムとの共存を実現するため、デジタルアーキテクチャー構想時に注意すべきポイント3点を見ていこう。

・システムの一括切り替えを避ける
・レガシーシステムの無理な刷新や切り替えはしない
・システムごとに検討の自由を与える範囲を明確にしておく

　もちろん業種によってシステムの特性は異なるので、ここで紹介するポイントが必ずしも全業界に適用できるわけではない。ただ、この3点は比較的、幅広く一般に有効と筆者は考える。

システムの一括切り替えを避ける

　大規模なシステムの一括切り替え（ビッグバン）をしなくて済むように、新しいITアーキテクチャー導入時には小規模かつ段階的

な切り替えが可能な仕組みを盛り込んでおこう。

　長期間稼働している既存システムは、改修を重ねて大規模かつ複雑になっていることが多い。こうした古い大規模システムの一括切り替えはリスクが高く、トラブルが起こりがちでコントロールが難しい。

　そこで新しいITアーキテクチャーでは、規模の大きいシステム向けにシステム間連携を担うゲートウエイを用意する。システム間通信をゲートウエイ経由に切り替えてから、古いシステムを部分ごとに、徐々に切り替えできるようにするのだ。

　システム間通信をゲートウエイに集約すれば、古いシステム内部の詳細な作りは外部に公開しないで済む。システム間連携を担うゲートウエイのインターフェース仕様が変わらない限り、連携先は古いシステムを気にする必要がない。こうすれば、古いシステムの切り替え時の影響を最小限に抑えられる。この手の段階的なシステム切り替え方式は「Strangler パターン」と呼ばれ、広く用いられている（**図表 2-5**）。

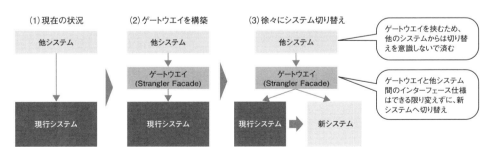

図表2-5　ゲートウエイを使った段階的なシステム切り替え方式「Stranglerパターン」

レガシーシステムの無理な刷新や切り替えはしない

　2-1で、レガシーシステムはしばしばDXの足かせになると述べた。しかし、これは「レガシーシステムが存在していると、DXの取り組みがまったく進められない」ことと同義ではない。

　企業によっては新しいITアーキテクチャーのもとで、現在レガシーシステムが担っている機能をそのまま使いたいケースもある。この場合、レガシーシステムそのものへの改修要望は多くない。無理にレガシーシステムを刷新してスピードやアジリティーを獲得しても、投資に対して得られる効果は薄くなってしまう。

　そのため、スピードやアジリティーの獲得がシステム刷新の目的

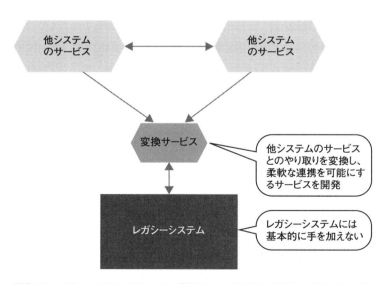

図表2-6　レガシーシステムを思い切って「塩漬け」にする構成。変換サービスを介して他のシステムとやり取りする

なら、レガシーシステムは思い切ってそのまま「塩漬け」にする手もある。そのうえで他システムとの連携や変換を担うサービスを新たに用意すれば、レガシーシステムに手を入れずに済む（**図表2-6**）。

一方、「レガシーシステムの保守費用が膨大になっている」、もしくは「保守要員が不足している」などの課題に抜本的に対応する場合は、レガシーシステムを刷新すべきだ。ただ、「塩漬けにして変換サービスを入れる」選択肢もあることを考慮して比較検討を進めるとよい。

なお、新しいITアーキテクチャーの構想段階で「レガシーシステム塩漬け」の選択肢を残した場合、一歩間違うと「現行のほとんどのシステムを塩漬けにする」可能性も出てくる。そのため、「基本はシステム刷新・切り替えを目指す」「やむを得ない場合は『塩漬け』の選択肢も残す」「システムを『塩漬け』してよいか否かの判断基準を設ける」といった基本方針を事前に決めておいたほうがいいだろう（レガシーシステム刷新の詳細は第9章を参照）。

システムごとに検討の自由を与える範囲を明確にしておく

ITアーキテクチャーの要素には、企業全体で統一したほうが効率的な部分と、各システムが個別に検討・選択したほうが効率的な部分がある。そのため「このシステムなら、ここまで自由に構成要素を選んでよい」といった具合に、情報システム部門で最初に方針を決めておこう。

例えば監視ツールは、全社で共通化したほうが効率的だ。また、社内外のシステム間通信で使うプロトコルも統一したほうがよい。

最近の傾向としては、Web API での通信が主流となっている。

　一方、開発に利用するプログラミング言語やデータベースの種類は、システムの特性によって何が適切か変わってくる。選択肢に制約を設けないほうが、システム開発の効率は良くなる可能性が高い。とはいえエンジニア人材の流動性を考慮すると、数種類にとどめておくのが現実的だろう。

　こうした基準を情報システム部門が決めておかないと、システムごとの担当者が好みで選択したツールやプログラミング言語が採用されて、非効率で特定の人しか理解できない状態になりかねない。事前にしっかりルール化しておこう。

　ルール化にはもう 1 つ、「積極的に新しいものを導入して変えるべき領域を明確にする」効果もある。現行システムが残っている場合、ツールや言語については安易に前例を踏襲したくなるものだ。しかし、理想的な新 IT アーキテクチャーを実現するには、システムの全体像を見据えて変えるべき部分と守るべき部分に線引きする必要がある。

　なお、ここで決めたルールは固定せず、技術の発展とともに見直していくのがよい。そのため、定期的に各システムの開発担当者を交えて議論し、自由度について見直す制度も必要だ。

第3章

マイクロサービスの基礎

3-1　目的はシステムの迅速性・柔軟性の向上

開発速度の改善だけじゃない システムの複雑性を解く考え方

　DX（Digital Transformation）時代の情報システムにはスピードとアジリティーが求められる。その実現に欠かせない要素「マイクロサービス」（またはマイクロサービスアーキテクチャー、MSA）について、特徴と導入方法を見ていこう。

マイクロサービス登場の歴史的背景

　マイクロサービスは個別に開発された小さなサービスを組み合わせ、1つのサービスを構成するITアーキテクチャーである。米国を中心に先進的なIT企業で盛んに導入されている。

　日本では経済産業省が2018年に発表した「DXレポート～ITシステム『2025年の崖』の克服とDXの本格的な展開～」に、今後活用すべき技術の1つとして紹介されていたことで注目を浴びた。この発表以降、マイクロサービスは「情報システムの複雑化を解消する特効薬」のように語られることさえある。

　しかし、現実はそう単純ではない。従来のエンタープライズシステム開発の延長線上でマイクロサービスを捉えていては、導入や活用は難しい。ここでは理解を深めるため、歴史的にどういった経緯でマイクロサービスが登場してきたかを振り返る。歴史的背景を把握すれば、古いエンタープライズシステム開発との違いや、導入の

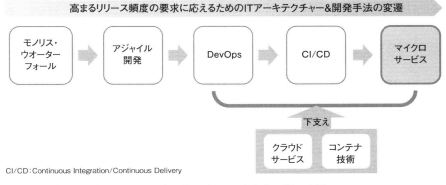

CI/CD：Continuous Integration/Continuous Delivery

図表3-1　情報システムのスピードとアジリティーを高める手法の変遷

勘所も分かりやすくなるはずだ。

　マイクロサービスの導入で先頭を走る企業としては、米 Amazon Web Services（アマゾン・ウェブ・サービス）、米 Uber Technologies（ウーバー・テクノロジーズ）、米 Netflix（ネットフリックス）など米国の Web サービス勢が有名だ。これらの企業は情報システムにスピードとアジリティーを持たせるため、新しい開発手法や IT アーキテクチャーを継続的に取り入れてきた。マイクロサービスの導入も、この流れに沿ったものだ（**図表 3-1**）。

　昔のエンタープライズシステムは全体が 1 つのソフトウエアモジュールで構成されたモノリシックな構造が多く、開発手法はウオーターフォールが主だった（図表 3-1 の左端「モノリス・ウオーターフォール」）。ところが次第に顧客（一般消費者）が利用する Web サービスが増えると、こうした従来の手法では開発に対応しきれなくなってきた。

　一般消費者向けの Web サービスは、市場の状況やニーズの変化

に迅速に対応することが求められる。システム開発後の変更に素早く対応するのが重要なので、ウオーターフォール開発のように「時間をかけて緻密な計画を練る」手法より、「小さく始めて徐々に大きくできる」手法の方が効果的だ。そのため、不確実性への対応に優れたアジャイル開発が徐々に取り入れられていった。

　Webサービス企業が台頭してきた2001年頃には、「アジャイルソフトウェア開発宣言」（Manifesto for Agile Software Development）が発表されている。これはアジャイル開発の先駆者と言うべき17人の著名なソフトウエアエンジニアが、アジャイルの基本的な考え方をまとめたものだ。

　アジャイル開発の導入でシステム開発のスピードは上がったが、新たな課題も浮上してきた。アジャイル開発によってサービス（プログラム）の新規開発や本番環境へのリリース回数、サービス統合、細かい機能修正などが頻発すると、工数が増えて時間を要する。また、変更点に対応する運用部門の負荷も増えてしまう。そこがサービス開発・運用のボトルネックになってきた。

　この問題を解消するために生み出された概念が「DevOps」である。DevOpsは利害関係が対立しがちな開発部門と運用部門を一体として捉え、人や組織の在り方を見直し相互に協力しやすくする開発体制のこと。DevOpsに併せて、継続的インテグレーション/継続的デリバリー（CI: Continuous Integration/CD: Continuous Delivery）の導入による自動化も進んだ。

　継続的インテグレーションとは、従来は開発の後半でまとめて実施していたソフトウエアモジュールの統合、ビルド、テストなどの作業を、頻繁なコード変更に対応するため自動化し、定期的に実施する開発手法である。継続的デリバリーは、変更後のソフトウエア

をサーバーに展開するなどのリリース準備まで自動化する開発手法だ。こうした開発手法の採用で、開発・運用部門の負荷を軽減し、作業のボトルネックを解消してシステムの頻繁な改修に対応できる体制が整えられた。

その後も2000年代後半以降のスマートフォンの一般化などを受けて、システムの変更頻度はますます増えていった。スマートフォン向けのサービスは頻繁なバージョンアップを求められることが多く、企業側での対応が必要だ。こうした背景から、開発手法だけでなくITアーキテクチャーについても「変化に対する強さ」を追求する動きが出てきた。

その1つがMSAである。MSAは2010年代にまず先進的なIT企業から導入が始まり、現在ではユーザー企業でも取り入れるところが増えた。ちなみにユーザー企業がMSAを採用するきっかけは、やはり一般消費者向けのスマートフォンアプリの開発・提供であることが多い。

品質の維持しやすさやメンテナンス性に優れる

このようにMSAは、情報システムのスピードとアジリティーをITアーキテクチャーレベルから改善したいという要望から出てきた。モノシリックアーキテクチャーと比較すると、そのメリットが分かりやすい（次ページの**図表3-2**）。

モノリシックアーキテクチャーでは全体を1つの大きなシステムとして設計し、その中にあるサブシステム同士が密に結合する（図表3-2の左）。サブシステムが密結合のため、部分的な改修時にも全体に影響が及ぶ。そのため、システムの開発・改修時の影響範囲の

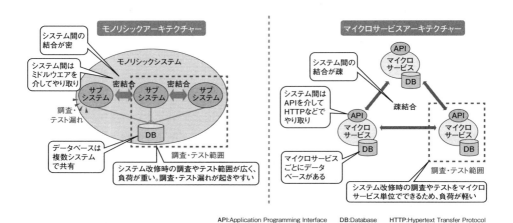

API:Application Programming Interface　　DB:Database　　HTTP:Hypertext Transfer Protocol

図表3-2　モノリシックアーキテクチャーとマイクロサービスアーキテクチャー（MSA）の違い

調査や、テスト実施時の負荷が大きい。調査漏れ、テスト漏れも増え、後々のトラブルにつながりやすい。

　一方、MSA は疎結合な構成を取る。改修時は関連するマイクロサービスだけを調査・テストすればよい（図表 3-2 の右）。システム変更時の影響範囲を局所化できるため、調査やテストの負荷が軽くなり、改修がスムーズに進む。

　つまり MSA はソフトウエア開発のスピードとアジリティーを改善するとともに、品質の維持、改修コストの削減などの点でもメリットがある。長年の運用を経て大規模化・複雑化した情報システムのメンテナンス性を改善する策にもなり得る。

3-2　マイクロサービスの特徴を4項目に整理

SOAと何が違う？
マイクロサービスの特徴

　3-2ではマイクロサービスアーキテクチャー（MSA）の特徴を見ていこう。MSAには、実は厳密な定義はない。MSAは2014年にソフトウエア開発者のジェームズ・ルイス氏とマーティン・ファウラー氏によって提唱された概念である。彼らの定義では、MSAは次ページの**図表3-3**に示す9つの特徴を持つ。しかし、これはあくまで概念的な特徴を列挙したものであり、明確な定義にはなっていない。

　MSAは2000年代初頭にバズワード化したものの、実際には成功事例の少ないSOA（Service Oriented Architecture、サービス指向アーキテクチャー）と混同されることがある。どちらも「巨大化したシステムを効率よく保守するため、システムを分割する考え方」であるためだ。しかし、MSAとSOAでは、導入の目的や必要な技術が異なる。ここで違いを押さえておこう。

　SOAは主に業務プロセスとソフトウエアサービスの分離や、既存のソフトウエア資産の再利用を目的としている。概念は難解、利用する技術は複雑だ。実現のためには一般にミドルウエア製品の導入が必要となる。また、SOAでは「分割されたシステム（サブシステム）間の連携をつかさどる部品」が要る。この部品はオーケストレーションと呼ばれ、SOAを導入したシステムはオーケストレーションを軸にした一極集中の構成をとる。そのため、オーケストレーショ

MSAの主な特徴	概要
サービスによるコンポーネント化 (Componentization via Services)	主要な機能はライブラリーやモジュールではなく、個別のプロセスで動作する独立したサービスとしてコンポーネント化する
ビジネス機能に基づいた組織編成 (Organized around Business Capabilities)	ビジネスの単位でチームを編成する。コンウェイの法則によれば、チーム構造とシステム構造は同じになる
プロジェクトではなくプロダクト (Products not Projects)	期限のあるプロジェクトとしてのシステム開発ではなく、プロダクトとして開発と運用を継続し、ビジネスとしての価値を高めていく
スマートエンドポイントと土管 (Smart Endpoints and Dump Pipes)	サービス間連携で使用する技術は、あくまで「土管」としてシンプルなものを採用する
分割統治 (Decentralized Governance)	「単一プラットフォームの採用」や「採用技術の標準化」をすると、活動の抑制につながる可能性がある。個々のチームに裁量を与え、各サービスの特性に最適な技術を選択する
分散データ管理 (Decentralized Data Management)	ビジネス単位でのチーム編成や分割統治の結果、統合データベースではなく、各サービスでデータベースを持つことになる
インフラストラクチャーの自動化 (Infrastructure Automation)	徹底した自動化とCI/CDの採用
障害・エラーを前提とした設計 (Design for Failure)	主要機能はサービスとしてコンポーネント化するため、相互に依存する多数のサービスの障害に耐えられるように設計しなければならない
進化的な設計 (Evolutionary Design)	小さなサービス単位でシステムを改修・進化させられるように設計する

図表3-3　ジェームズ・ルイス氏、マーティン・ファウラー氏が提唱したマイクロサービスアーキテクチャー（MSA）の9つの特徴
※ファウラー氏のWebサイトに掲載されている記事「Microservices」(https://martinfowler.com/articles/microservices.html)を参考に野村総合研究所が作成

ンが性能やシステム改修頻度など、さまざまな局面でボトルネックになることが課題だ。

　一方、MSA はソフトウエアに対して段階的な機能追加を可能にすることや、管理をより簡単にすることが主な目的だ。SOA と比較して概念はシンプルで、導入にあたって押さえるべき要素技術も複雑ではない。システム間の連携をつかさどるオーケストレーショ

ンのような仕組みも必須ではないため、ボトルネック問題も生じにくい。

4項目の特徴からマイクロサービスの実相に迫る

　明確な定義がないため、MSAの実態は導入事例によってさまざまだ。しかし、MSAを採用した多くのシステムに共通する内容から、ある程度の実相に迫ることはできる。筆者の考えるMSAの特徴をまとめると、以下の4項目になる。

〔1〕サービス同士はAPIで通信する

　MSAでは、疎結合された複数の小さなサービス（マイクロサービス）がAPI（Application Programming Interface）を通じて連携し、1つのシステムとして動作する。通常、APIには軽量なHTTPプロトコルを使用する。APIの設計としては、REST（Representational State Transfer）による実装が最も多く、そのほかにgRPC、OpenAPIなども広く用いられる。SOAで使うESB（Enterprise Service Bus）のような重いミドルウエアは、一般にMSAでは採用しない。

　マイクロサービス間の接続仕様をAPIで定義すると、各サービスはAPIを境界に独立する。するとマイクロサービス単位での開発・リリースが可能となるので、システム全体のスピードとアジリティーが高められる。例えばシステム開発・改修時に、影響範囲を最小限にできるなどのメリットがある。APIの仕様を逸脱しない範囲の変更なら、新規開発や改修後のテストは個々のマイクロサービス単位で実行すれば済むためだ。

　API を刷新する場合も、個別のマイクロサービス単位で順次、切り替えを進めることが可能だ。切り替え期には新旧の API を併用すれば、マイクロサービスに対する要件変更の影響を最小限に抑えられる。

〔2〕サービスごとに個別のデータベースを持つ

　密結合なモノリシックアーキテクチャーのシステムでは、複数のサブシステム（サービス）が同じデータベースを利用することが多かった。

　複数サービスでデータベースを共有していると、例えばカラム（列）を追加する場合などに、他のサービスに与える影響を見極めることが難しい。テストや検証に時間がかかってしまう。

　MSA では、マイクロサービスごとに独自のデータベースを管理する「分散データ管理」が一般的だ（3-1 の図表 3-2 を参照）。各サービス間で、データベースについても疎結合な状態を維持する。あるサービスが他のサービスのデータベースにアクセスする場合は、API 経由でデータをやり取りする。こうした構成にしておけばデータベース変更時も他サービスへの影響を軽減でき、モノリシックアーキテクチャーのような問題は起こりにくくなる。

〔3〕システムの種類によってはデータの一貫性に配慮が必要

　複数のマイクロサービスが関わる処理を実行する際には、各処理の間でデータの整合性を担保するのが難しい。分散システムにおけるデータの複製に関する定理に、「CAP 定理」がある。それによると、MSA のような分散システムでは以下の 3 つの要素のうち、2 つまでしか同時に満たすことはできない。

C：Consistency（一貫性）

A：Availability（可用性）

P：Partition-tolerance（分断耐性）

　MSA では Availability（可用性）と Partition-tolerance（分断耐性、ネットワークが分断された際のシステムの耐性のこと）を重視することが多い。この場合、複数のマイクロサービス間でのデータベースの Consistency（一貫性）は、いつも保証されているとは限らない。あるデータベースに変更が加わっても他のデータベースの同じデータに即時に反映されず、一定時間以内に何らかの形で同様にデータを更新する仕組み（結果整合性モデル）を採用するケースが多い。

　つまり金融系システムなど、データの一貫性が厳密に求められるシステムに MSA を導入する場合は配慮が必要だ。データの一貫性をいかに保つか、実装に注意を払わなくてはならない。

　結果整合性モデルが許容されない場合は、従来、モノリシックなシステムで利用していたデータベースと同じように RDBMS（Relational Database Management System）によって ACID 特性を担保するのが望ましい。ただし、この場合は同一 RDBMS の範囲ではシステムをマイクロサービスに分解することは難しくなる。なお ACID 特性とは、データを正しい状態で維持するために、トランザクションが備えているべき要素のこと。Atomicity（原子性）、Consistency（一貫性）、Isolation（隔離性）、Durability（耐久性）という4種類の特性を意味する。

　結果整合性モデルが許容される場合は、マイクロサービスをまたがるトランザクションに対して「サービス連携方式」と「サービス間の関連付け方式」を検討する。サービス連携方法には、「TCC

（Try-Confirm/Cancel）パターン」と「Saga パターン」が存在する。サービス間の関連付け方式には、「オーケストレーション方式（中央集権型）」と「コレオグラフィー方式（分散型）」がある。いずれもシステムの特性に応じて使い分ける。

〔4〕クラウドやコンテナオーケストレーションなど新技術を活用

　ジェームズ・ルイス氏、マーティン・ファウラー氏が提唱した MSA の 9 つの特徴の中に「インフラストラクチャーの自動化」があった（図表 3-3）。今日のインフラストラクチャー自動化には、クラウドサービス（以下、クラウド）など新しい技術の利用が欠かせない。もちろん MSA には厳密な定義はないため、オンプレミス環境でも実現不可能ではない。しかし、MSA を採用したシステムに十分なスピードとアジリティーを持たせるには、クラウドの利用はもはや前提と考えた方がよい。

　特に、クラウド上でインフラ資源の設定や管理を自動化できる IaC（Infrastructure as Code）、複数コンテナの統合管理やアプリケーションのデプロイ（展開）を容易にするコンテナオーケストレーションといった技術は積極的に活用すべきだろう。

全てのシステムをMSAに置き換える必要はない

　MSA の特徴を踏まえた結果、「自社の既存システムを MSA に移行するのは困難だ」と考える読者もいるだろう。実際、全てのシステムに MSA を適用する必要はない。MSA を提唱したマーティン・ファウラー氏は自身のブログで、「モノリシックなシステムとして管理するには複雑すぎる場合に MSA を検討すべし」としている。また、

筆者はMSAに向いたシステムの特徴を以下の2点と考えている。

・頻繁に機能追加・変更が生じるシステム

（モバイルアプリケーション、ECサイトなど）

・長期間、継続的に進化させていくシステム

（変化の速いクラウドを活用したシステムなど）

　ここまでに述べた内容から分かるとおり、MSAは使い方によっては非常に有効なアーキテクチャーだが、「2025年の崖」を解決する特効薬にはならない。メリット・デメリット（**図表3-4**）と自社の情報システムの特性を踏まえて、導入の目標と適用範囲を決めることが重要だ。

	メリット	デメリット
システム開発	**開発生産性の向上** ・サービス間の独立性が高く、平行開発が可能 ・既存サービスの再利用が可能 ・システム改修に伴う影響調査範囲やテスト範囲を極小化	**開発難易度の高まり** ・設計・開発フェーズにおける試行錯誤が必要 ・設計上考慮すべき、マイクロサービス特有の課題が存在
リソース管理	**リソース（モジュール、データ）管理の効率向上** ・1つの組織で管理すべき範囲が小さいため、当該組織ではリソース管理がしやすい	**リソースの全体管理の複雑化** ・多数のサービスが複数の組織で個別に管理されるため、従来の仕組みで全体の整合性を確保するのが難しい
運用	**スケーラビリティーの向上** ・サービスごとの特性に応じて柔軟な構成・スケールが可能	**トラブルシューティングが困難に** ・複数サービス間にまたがる通信が多数発生するため、トラブル発生時の原因特定が困難に（ツール導入で問題を緩和可能）
採用技術	**技術的多様性の許容** ・さまざまな技術を比較的自由に採用できるため、サービスの特性に応じた言語やプロダクトを選定可能	**人材流動性の低下** ・多様な技術に対応するために、各エンジニアに求められるスキルセットが多岐に渡る。サービスをまたがる人材異動が困難に

図表3-4　マイクロサービスアーキテクチャー（MSA）のメリットとデメリット

3-3　モノリシックからの段階的な移行方法

MSA向きのシステムを選定し 5ステップで段階的に移行

　マイクロサービスアーキテクチャー（MSA）の考え方に基づいて、まっさらな状態からシステムを開発できるならシンプルでよい。だが、現実にはそんな企業は少ないだろう。モノリシックな既存システムを分割し、段階的に MSA を取り入れるケースのほうが多いはずだ。

　このような流れで MSA を導入する際には、さまざまなオーバーヘッドが生じる。3-3 はオーバーヘッドを乗り越えつつ、現実的に MSA を導入していく方法を解説する。

　既存のモノリシックなシステムを MSA 化する際の一番のハードルは、「アーキテクチャーの刷新に取り掛かる意思決定をすること」だ。これまで筆者がさまざまな企業の情報システム部門とやり取りした経験では、「現在問題なく稼働しているシステムをわざわざ作り替えることの正当性を、経営者や事業部門に説明するのが難しい」という意見が多かった。現場レベルで MSA 化の必要性を感じていても、部門の意思決定者や経営陣も含めて社内を説得できなければ、アーキテクチャーの刷新は困難だ。

　システム開発を外部委託している企業の場合、新たな外注コストが発生する点もハードルとなる。情報システムを内製している新興の Web サービス企業なら、社内のエンジニアによる草の根的な活動でシステムを変更できることもあるだろう。だが、外注の場合は

仕様の策定からシステムの企画・開発・稼働までにそれなりの時間と費用を見込まなければならない。

MSA化が最良の選択とは限らない

　このように MSA 導入にはさまざまなハードルがある。そのため状況によっては、最初から MSA を取り入れることが必ずしも最良の選択とは限らない。

　例えば新規事業向けのシステム開発では、短期間である程度の成果を出すことが求められる。こうした局面で、既存のモノリシックなシステムを抱えた企業が MSA 導入にこだわると、かえってスピードとアジリティーを損ねることになりかねない。まずはオーバーヘッドの少ないモノリシックなシステムの開発からスタートし、新規事業の規模の拡大に伴って MSA の導入を検討するほうがよいだろう。

　また、3-2 の最後で述べたように「社内の情報システム全てを MSA 化する必要はない」点も覚えておこう。MSA はシステムの種類によって向き不向きがある。

　情報システムの標準化や共通化（プラットフォーム化）に取り組んでいる企業は多いが、こと MSA に関しては全システムを対象にするのは得策ではない。「完全に MSA 化すべきシステム」「部分的な MSA 化にとどめたほうがよいシステム」「MSA 化すべきでないシステム」があると考えよう。

　事業部門に十分なヒアリングを実施してビジネス上の課題やニーズを踏まえた上で、本当に MSA 化が必要なシステムを見定める必要がある。

規格化したAPIの導入から始め、段階的に移行

　現実的かつ段階的な MSA 導入の流れを**図表 3-5** に示した。2-3 でも紹介したように、古いモノリシックなシステムからの一括切り替え（ビッグバン）はしないほうがよい。モノリシックと MSA を段階的に切り替えていくのが一般的だ。

　まずはモノリシックアーキテクチャーのシステムに対し、サブシステム間の通信を API 化する（図表 3-5 の「GW アーキテクチャー」）。こうして接続を疎にしていくことで、サブシステムの 1 つに変更を加えても、連携先の他のサブシステムには影響が出ないようにする。このとき、API の仕様はきちんと規格化しておく。そうすればあるサブシステムの内部構造を改修しても、API 仕様さえ逸脱しなければ、他のサブシステムで改修に伴う調査やテストを省力化できる。

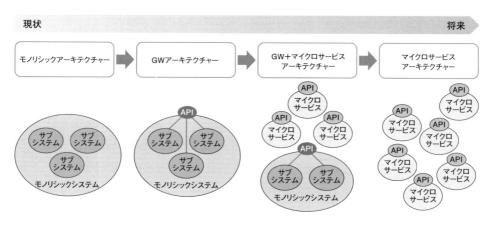

GW:Gateway

図表3-5　段階的なマイクロサービスアーキテクチャー導入の流れ

　API 化が済んだら、MSA 化が有効なサブシステムを順次、新し
いアーキテクチャーに切り替えていけばよい（同「GW＋マイクロ
サービスアーキテクチャー」）。

　企業の状況によってモノリシックと MSA の共存が長く続くケー
スもあれば、早々に MSA に完全切り替えしたほうがよいケースも
ある（同「マイクロサービスアーキテクチャー」）。そこは業種や情
報システムの状況を勘案して決めていこう。

MSAに向いたシステムの選定方法

　段階的な切り替えを目指す際は、どういったシステムを優先して
MSA 化すればよいのだろう。筆者は MSA 化するシステムの選定
に当たって、以下の 3 つを実施すべきと考えている。

〔1〕システム開発に取り掛かる前に MSA 化の候補となるシステムを
　　　抽出し、PoC（Proof of Concept、概念実証）による効果測
　　　定をする
〔2〕他システムとの連携が少なく、システム改修の影響が小さいシス
　　　テムから刷新する
〔3〕MSA 化の効果を最大限に享受できるシステムから刷新する

　MSA 化には従来のモノリシックシステムの開発とは異なるアプ
ローチが必要となる（詳しくは後述）。そのため〔1〕で PoC を実
施したり、〔2〕で連携が少ないシステムを選んだりすることでアー
キテクチャー刷新に伴うリスクを抑えることが重要だ。

　なお、PoC とは利用経験のない新しい技術や製品などを活用し

てシステムを構築したり、以前はなかった新しいサービスを開発したりするときに、アイデアや計画の実効性を検証することだ。実際のシステム構築の前工程として実施し、技術的な実現可能性や、新サービスが事業的に有効かを検証する。

　MSA 立ち上げ時には、「アーキテクチャー刷新のための社内体制の組み立て」「メンバーのスキル獲得」「社内プロセスの変革」といったあらゆる局面で労力を要する。例えば MSA 導入の先頭を走る Netflix も、まずは PoC から始めたという。Netflix は最初に小さく MSA を取り入れ、少しずつ適用範囲を広げるスモールスタートのアプローチを採った。

　その後は「小規模プロジェクトを実施しては課題を洗い出す」ことを積み重ねて成功体験につなげ、情報システム部門だけでなく広く社内にも MSA の価値を証明していった。その結果、Netflix では MSA の適用範囲が広がり、今では同社のサービスは多数のマイクロサービスで構成されているといわれる。

　Netflix のように MSA 導入時に PoC を実施するのは有効だが、注意点もある。あまりに多くの PoC を行って、結局、検証だけで終わってしまうケースがあるのだ。PoC は「あくまで本番システム開発につなげるために実施するもの」と留意しておきたい。

　もう 1 つ、〔2〕と〔3〕のバランスにも気を付けよう。企業によっては、〔3〕の「MSA 化の効果を最大限に享受できる」という条件に当てはまるが、〔2〕に反して「他システムとの連携が多い」システムも存在する。こうしたシステムを真っ先に MSA 化しようとすると、開発時の人的負荷や時間的・金銭的コストが大きくなってしまう。アーキテクチャー刷新を決断する前に、メリット・デメリットそれぞれの大きさを見極める必要がある。

5ステップで進めるマイクロサービス開発

　MSA 化するシステムについてめどが立ったら、続いては MSA を採用したシステム開発の流れを見ていこう。先述の通り、MSA の導入時には従来のモノリシック型のシステム開発とは異なる手法が必要となる。

　大原則として、MSA では「設計時に全てを確定させることは不可能」と考えることが重要だ。MSA 化の対象となる業務プロセスやそれを支える業務システムは一様ではない。そのため、最初から完璧な設計はできないと割り切る必要がある。

　これは新規に MSA で開発する機能に関してだけでなく、「既存機能をモノリシックシステムからマイクロサービスへと移行する」際も同様だ。既存の大きなモノリシックシステムを小さなマイクロサービスに分割する方法には、絶対的な正解はないためである。実装を進める過程で必ず齟齬（そご）や揺り戻しは発生すると考えて、開発着手後に出てくる新要件を取り込みやすい設計を心掛けよう。

　以上を踏まえ、MSA のシステム開発の流れを 5 段階にまとめたのが次ページの**図表 3-6** だ。5 つのステップを順番に見ていこう。

〔Step1〕MSA化のゴールを設定する

　最初のステップでは、MSA 化の効果を測定できる KPI（Key Performance Indicator、重要業績評価指標）を明確に設定しておきたい。アーキテクチャー刷新のゴールは、企業によって「メインフレームからの脱却」「クラウドサービスへの移行」「システム改修時のリリース速度の改善」などさまざまなものが考えられる。とはいえ MSA の本質的な目的はシステム開発のスピードとアジリ

```
Step1)           Step2)           Step3)           Step4)           Step5)
MSA化のゴール    システムを分割する  モノリシックシステム  MSA化の効果を    継続的に最適化する
を設定する       ためにサービスの   を分割し、マイクロ    測定する
                境界線を引く      サービスを開発
```

MSA : Microservice Architecture

図表3-6　MSA化に向けた5段階のシステム開発の流れ

ティーの向上なので、その点を重視して KPI を定めよう。

　例えば情報システム開発の KPI に使われる３つの要素に、「Q（Quality、品質）」「C（Cost、コスト）」「D（Delivery、納期）」がある。MSA 開発時には、この３要素の中で「D」に着目した KPI を設定するのがよい。「C」だけに着目すると、本来の目的であるスピードとアジリティーの改善が達成できないことがある。「いかに安く開発できるのか」が優先され、スピードとアジリティーを獲得するために最適な設計ができない可能性があるためだ。むしろスピードとアジリティーの獲得によって、結果的に「C」の面でもよい結果が得られるような方向を目指すのがよい。

〔Step2〕システムを分割するためにサービスの境界線を引く

　〔Step2〕では、既存システムを MSA 化した際のサービスの境界を利用者視点で定めていく。このとき重要なのは、MSA 化の対象となる業務領域（ドメイン）に着目し、ビジネスとしての機能単位でサービスの境界線を引くことである。

　サービスの境界線を引く手法としては、業務モデルをそのままシステムに実装することを目指す「ドメイン駆動設計」が有名だ。しかし、既存システムのリリースから長い時間が過ぎると、開発当初

の事情を知る人がいなくなり、現場の仕事の状況も変化していることが多い。システムの中身も業務モデルもブラックボックス化している状況では、ドメイン駆動設計の適用は難しい。

そのため多くの企業では MSA 導入前に、既存システムの構造を改めて内外から分析・可視化してサービスの境界を検討する必要がある。ビジネスや業務の将来像を考え、それを基に直近で実装すべきサービスの境界を決める作業も重要だ。つまり、情報システムの現状と将来像、両面からのアプローチが必要となる。

こうした多面的なアプローチを成功させるには、技術に詳しいメンバーだけでなく、自社のビジネスや業務内容に通じた人をチームに組み込まなければならない。なお、〔Step2〕の段階で検討したサービスの境界線は、一度引いたら確定ではない。今後、企業の置かれたビジネスの状況や業務内容の変化を踏まえ、定期的に変更するものと考えよう。

〔Step3〕モノリシックシステムを分割し、マイクロサービスを開発

〔Step3〕では、〔Step2〕で引いたおおまかなサービスの境界線を基に、さらに細かく既存のモノリシックシステムを分割し、MSAを取り入れたサービスに置き換えていく。

実際にどこまで既存のモノリシックシステムを分割するかは、コンピューター黎明（れいめい）期の科学者であるメルヴィン・コンウェイ氏の唱えた法則が参考になる。コンウェイの法則によると、システムを開発する組織のチーム構造とシステム構造は同じになる。

つまり MSA を採用したシステムを開発する際は、自社の組織構造を反映する粒度まで既存システムを分割する。企業の組織構造を反映したシステムを詳細に設計するため、〔Step2〕に引き続きビジ

ネスに詳しい人が開発チームに必要だ。

　既存のモノリシックシステムを分割するに当たっては、初期に検討した分割案にとらわれず、開発中は常に改良の余地を模索し続けよう。先述の通り、MSA化では最初から完璧な設計をするのは難しいためだ。

　トライアル・アンド・エラーを繰り返すことを想定し、開発手法はアジャイル開発を採用するのがよい。ウオーターフォール開発では、システム開発前の計画段階で「開発工程」ならびに「各工程の成果物」を定義し、各工程の完了時に成果物の品質を確認する。この一連の流れは後戻りが困難なため、MSA化とは相性が良くない。

〔Step4〕MSA化の効果を測定する

　〔Step4〕では実際にシステムをMSA化した結果、〔Step1〕で定めたゴールに対してどの程度の効果が得られたかを測定する。例えばシステムのスピードとアジリティーを高めることを想定し、「D（納期）」を重視するKPIを設定したなら、「リリース頻度」や「開発期間」などをチェックしよう。なお、効果測定に必要なロギングやモニタリング、可視化の仕組みはなるべく自動化し、人的リソースを節約しておきたい。

〔Step5〕継続的に最適化する

　最後の〔Step5〕では〔Step1〕～〔Step4〕を繰り返し、継続的な最適化を目指す。ゴールに向けてどの程度の前進が見られたかKPIのモニタリングを継続し、常に改善し続ける。MSAが長期的・継続的な進化を目指すシステムに適しているのは、こうしたモニタリングから改善までの流れを容易にするためだ。また、ビジネスの

目的や状況に変化があった場合は、当初定めたゴールを速やかに変更することも想定しておこう。

全社を挙げた取り組みが必要

　MSAを実装するには、単純にITアーキテクチャーと最新の要素技術のことを考えているだけでは済まない。アジャイル開発などシステム開発手法への理解や、ビジネスに詳しい人材を組み込んだチーム編成など、考慮すべきポイントは多岐にわたる。頻繁なトライアル・アンド・エラーを実施するため、継続的インテグレーション／継続的デリバリー（CI/CD）などの自動化も検討しなければならない。

　また、MSA化の適用レベルに関しては業種などに応じて熟慮が必要だ。例えば金融機関など法規制が厳しい業界の場合は、スピードとアジリティーだけを考えたシステム開発は難しい。

　社外のシステムインテグレーターなどのITベンダーに請負で開発を任せている場合は、さらに問題が複雑になる。MSAのシステム開発においては、従来のモノリシックシステムと同じ尺度で成果物を定義するのが難しい。契約体系の見直しが必要になるケースも少なくない。

　このように、自社システムにMSAを組み込むには、情報システム部門だけでなく企業のあらゆるレイヤーを巻き込んでの開発が求められる。経営陣も含め、会社全体で総合的に取り組む姿勢が必要になるだろう。

第4章

クラウドサービス活用

4-1　クラウドにまつわる「課題あるある」4種

社内説得やコスト削減に苦戦
課題をどう乗り越える？

　第1章で述べたように、DX（Digital Transformation）のための情報システムに今や欠かせなくなったのがクラウドサービス（以下、クラウド）だ。第4章では全社のシステムにクラウドを導入する際のポイントを見ていこう。

クラウドは導入前の課題整理と準備が重要

　企業の情報システムで、クラウドの導入が本格化し始めたのは2000年代末から2010年代のことだ。それから今までの約10年間で、クラウド導入を検討・実施したさまざまな企業の例から「クラウド利用時のよくある課題」が浮かび上がってきた。この課題を分析すると、クラウド導入時に企業が注意すべきポイントが見えてくる。筆者が企業の情報システム部門とのやり取りを通じて、特に「あるある」だと考えているのは以下の4点だ。

［1］社内を説得できず、導入の検討が進まない

　クラウドの活用について検討は始めたものの先が続かず、なかなか導入まで至らないケースがある。背景には、経営層にクラウド導入の目的や効果を定性的・定量的に説明できないため、社内合意を得にくいという課題があるようだ。

　情報システム部門の担当者からは「クラウドの導入を検討し始めたいが、そもそもどのようなタスクをこなす必要があるのか全体像が分からない」といった悩みもよく聞く。自社で利用すべきクラウドはどれなのか決めきれない、セキュリティーリスクなどの懸念点をどう整理すればいいか分からないといった状況だ。

　こうした「分からない」「決めきれない」状態から脱してクラウド導入を進めるには、情報システム部門だけでなく全社の協力が必要だ。経営陣や現場からも情報を集め、経営戦略とIT戦略との間で整合性を取りつつ「今後解決すべきビジネス上の課題は何か」「そのために必要なクラウドはどれか」「セキュリティーなど導入時のリスクは何か」を整理する。全社を巻き込んでグランドデザインを描くことが欠かせない。

〔2〕「シャドーIT」としてクラウドが乱立している

　クラウドは導入を決めればすぐに利用可能なため、「現場が必要に応じて個別にクラウドを使い始めてしまう」「本番稼働し始めたのに、情報システム部門はそれを知らない」ケースがよくある。いわゆる「シャドーIT」として導入されたクラウドだ。

　クラウドのシャドーIT化が進むと、企業内で定めたセキュリティールールが守られているか否か、情報システム部門で把握できなくなってしまう。この懸念を払拭するには、企業全体でクラウド環境を統一し、それ以外のクラウド導入は制限するのが望ましい。

〔3〕期待していたほどのコスト削減効果が出ない

　クラウド導入の目的の1つに「コスト削減」を挙げる企業は多い。ところが、企業の情報システム部門の担当者からは「実際に導入してみると、期待していたほどコスト削減できなかった」という話を

よく耳にする。特定のシステムだけをクラウドに移行したり、既存のシステム構成や運用方法を変えずにそのまま単純移行したりすると、かえってコストが高くなることさえある。

　システムの設計をクラウド向けにしていないと、「余計なライセンス費用がかかる」「オンデマンドに課金されるリソースの確保・利用が最適化できておらず、無駄が出る」といった問題が起こりやすい。クラウドに対応できる新たな障害対応や監視の仕組みが必要となって、構築費用がかさむケースもある。

　こうした問題を避けるには、企業全体で戦略的にクラウド活用を検討し、既存のオンプレミス環境、新しく導入するクラウド環境、運用方法も含めて包括的に最適化する必要がある。

〔4〕期待していたほどアジリティーが向上しない

　クラウド導入の大きな目的の１つは、情報システムにスピードとアジリティーを持たせることだ。ところが実際にクラウドに移行した企業から、「インフラの調達期間は短くなったが、システム全体としての改修時間はそれほど変わらない」という話をよく聞く。つまり「スピードはある程度改善したが、求めていたほどのアジリティーは得られなかった」ケースが少なくない。

　クラウドにはシステムのアジリティーを高めるさまざまな自動化機能が用意されている。例えばシステムにかかる負荷に応じてインフラのリソースを自動で増減させる「オートスケール」機能などが代表的だ。こうしたクラウドならではの機能は、既存のオンプレミス環境のIT アーキテクチャーや設計思想・運用方法をそのまま引き継いでいては十分に活用できない。アジリティーを十分に高めるには、クラウドに合ったIT アーキテクチャーや設計思想が必要となる。

4-2　6段階のフレームワークで導入を検討

システム変更前の準備が肝心
チェックシートで基準を確認

　4-1で挙げた課題に対応するには、企業全体で経営戦略や課題の整理、情報システムの標準化、最適化に取り組む必要がある。実際にシステムに手を入れ始める前の事前準備が重要になるのだ。具体的には、導入前に全社的なクラウド活用の方針を策定するとよい。

クラウド活用の方針をフレームワークで検討

　次ページの**図表4-1**に、クラウド活用の方針を定めるための検討フレームワークをまとめた。何をどのように検討すべきか、〔Step 1〕〜〔Step 6〕の6段階のポイントを順に解説する。

〔Step 1〕現状調査を基にクラウド活用方針を整理
　経営戦略やIT戦略を確認したうえで、クラウド導入の方向性を検討し、大まかな活用方針を定める。経営層の賛同がなければ、全社的な方針の確定は難しい。そのため、まず社内ヒアリングなどを通じて経営層が考えている戦略や、ビジネス上の課題を確認する。
　そのうえで、クラウド活用が経営戦略にどう貢献できるか目的を明らかにすることが重要だ。例えば「新規ビジネス立ち上げの際、クラウドを利用することで開発時の検証やサービス提供にかかる時間を短縮する」といった目的が考えられる。ビジネス上の課題を解

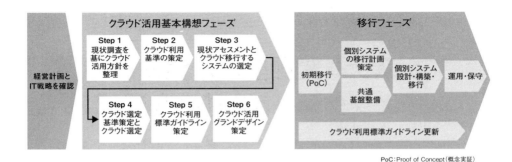

PoC：Proof of Concept（概念実証）

図表4-1　全社的なクラウド活用基本構想の検討フレームワーク

決する手段として、クラウド活用が有効だと明示できるとよい。例えば「コスト最適化」「システム対応の迅速化」「品質向上」「最新IT技術の活用」などを挙げる。

　さらに情報システム部門やシステムを利用する現場（利用部門）でもヒアリングを実施し、現状のIT環境を調査する。情報システム部門の担当者や現場のユーザーが抱えている課題や要求に対して、クラウド活用が有効か検討する。クラウドを実際に導入したら、課題をどう解決できるかも整理しておこう。

〔Step 2〕クラウド利用基準の策定

　続いて、各システムがクラウドに移行できるか判断する基準（クラウド利用基準）を策定する。どんな基準が必要かは業種やシステムの種類によって異なるが、一例としてまとめたのが**図表 4-2**だ。

　4-1で述べたように、移行するシステムがクラウドに最適化されていないと、十分なコスト削減やアジリティー向上の効果が得られないこともある。言い換えると、全てのシステムを単純にクラウド移

項目		判断基準
可用性	目標復旧時間	・非常に短い停止時間の要求があるか（例：稼働率99.999%） ・大規模災害時にどの程度の早さで復旧させる必要があるか
	目標復旧ポイント	・厳しい復旧要件が求められるか（例：必ず数秒～数分前の状態に戻すなど）
性能・拡張性	レスポンス	・非常に短いレスポンス時間の順守が必要か
	スペック	・クラウドで提供されていない、非常に大きなサーバースペックが必要か
運用・保守性	オンサイト	・オンサイト（現場）での帳票出力やDVDへのデータ書き出しなどがあるか
移行性	利用OS	・クラウドで稼働できないOSが存在するか（例：IA系以外のOSなど）
	ミドルウエア・製品	・クラウドでサポートされないミドルウエア、製品が存在するか（例：HICS、CICSなど） ・クラウド利用した際の課金体系が整備されていない製品を使用しているか （例：物理サーバー単位での計算が必要になるなど）
	開発言語	・クラウドでサポートされない開発言語が存在するか（例：RPGなど）
	仮想化対応	・IA仮想化されているか
	システム間連携	・外部とのシステム間連携、閉域網接続が多いか
	特殊要件	・クラウドで使用できない特殊なアプライアンスや専用機器を使用しているか
セキュリティー	機密性	・個人情報など、情報漏洩、消失により企業存続に影響を及ぼす機密データが存在するか
	特殊データ有無	・兵器や原子力など人命や国家機密に関わる特殊なデータを保持しているか
法・制度		・法的な理由でシステムの設置場所に制限があるか ・システムに関連しており、かつクラウド事業者の対応が困難な特殊な法制度があるか

CICS：Customer Information Control System　　OS：Operating System
HICS：Hierarchical Information Control System　RPG：Report Program Generator
IA：Intel Architecture

図表4-2　「クラウド利用基準」の一例

行すればよいとは限らない。そのため、ここできちんと基準を設けて「クラウド化を積極的に進めるべきシステム」「クラウド化するにはリスクがあるシステム」「クラウド化しない方がよいシステム」を明確にできるようにする。

〔Step 3〕現状アセスメントとクラウド移行するシステムの選定

〔Step 2〕で策定した「クラウド利用基準」に基づき、クラウド活用を積極的に進めるシステムを決めていく。現行システムに対してアセスメント（調査・評価）を実施し、クラウド移行すべきシス

テムを選別する。

　移行するにはリスクがあるシステムについては、この時点で協議して移行の可否を判断する。例えば米 Amazon Web Services（アマゾン・ウェブ・サービス、AWS）が提供する仮想マシンサービス「Amazon Elastic Compute Cloud（Amazon EC2）」の SLA（Service Level Agreement、サービス品質保証）では月間稼働率 99.99％以上を保証している。しかし、99.999％の稼働率が必要なシステムには不十分だ。電気・水道・ガスなどのライフラインを制御するシステムや、人命に関わる高度医療システムなどが該当する。こういったシステムはクラウド化に向いていないと判断する。

　そのほか高い機密性を求められるシステムや、他システムとの連携が多いシステムはクラウド移行のリスクが高い。例えば国家機密を扱うシステムや、新薬の開発など企業秘密に関わるシステムなどに関しては、クラウド側・利用者側の双方で実施すべきセキュリティー対策のレベルについて厳重に注意する必要がある。どんなリスクがあるか改めて確認し、有効な対策を取ったうえでクラウド移行が許容できるかを判断していこう。

〔Step 4〕クラウド選定基準策定とクラウド選定

　〔Step 1〕〜〔Step 3〕でクラウド化するシステムのめどが立ったら、続いてどの事業者のクラウドを使うかを決めていこう。まず、大きく 2 つの観点から「クラウド選定基準」を策定する（**図表 4-3**）。

　1 つ目の観点は、〔Step 2〕〔Step 3〕で「クラウド利用基準」に基づいて選定した「クラウド化を積極的に進めるべきシステム」の要求事項だ。ここでいう要求事項は、利用可能な OS・ミドルウエア、可用性、耐障害性、セキュリティー機能（暗号化、通信制御など）、

評価項目		クラウドに求める要件	AWS	Azure	GCP
基本機能	利用可能なソフトウエア	現行システムで利用されているOS、ミドルウエアが利用可能なこと			
	事業継続性	実績は十分か、過去5年間で重大なセキュリティー事故(情報漏洩など)を起こしていないか			
	複数データセンターでの運用	複数データセンターでの運用を行っており、クラウドデータセンター被災時のDR対応がされていること			
耐障害性	クラウドへの接続	インターネットおよびIP-VPNから接続可能なこと			
	リソースの分散配置設計	可用性向上のため、複数のデータセンターに仮想サーバーを分散配置できること(他のデータセンターへのコピーが自動的にできることが望ましい)			
運用	稼働率	サービスを利用できる確率が99.95%(停止時間4.38時間/年)以上なこと			
	サポート	自社の要求するサービスレベルを満たすか(例:24時間365日監視、通知、問い合せが可能)			
	運用容易性	標準的なAPI(例えばAmazon互換など)が公開されており、それを利用しクラウド制御が可能なこと			
	監視	監視機能が提供され、監視項目、監視間隔が自社の要求するレベルになっていること			
移行	オンプレミスからの移行	オンプレミスの仮想サーバーからの移行が容易であることが望ましい(移行ツールの有無、イメージ持ち込み可否など)			
	他クラウドサービスへの移行	「クラウドサービスの終了に伴う他クラウドサービスへの移行」や「よりコストメリットのあるクラウドサービスへの移行」などを想定した場合に、移行が容易であることが望ましい(移行ツールの有無、標準的な管理APIなど)			
DR機能	国内でのDR	日本国内に複数データセンターを所有しており、300km以上離れていること(例えば東京と大阪)			
	バックアップ	RPO(目標復旧時点)に従いDRサイトへの効率的なバックアップが可能なこと			
セキュリティー	公的認証資格	ISO27001、ISO27017、ISO27018、PCI-DSSなどの認証を取得しているか			
	機能	データを暗号化できるか、通信制御機能はあるか、適切なID管理ができる認証・認可の仕組みがあるか、適切にデータ破棄されることを確認できるかなど			
	その他	データの所在地は明確になっているか、データの所有権が自社になっているかなど			
契約		最低契約期間が1カ月以上などの縛りはないか、契約解除時の規定は問題ないかなど			
法律/規制		EU一般データ保護規則(GDPR)に準拠しているかなど			

DR:Disaster Recovery
GDPR:General Data Protection Regulation
ISO:International Organization for Standardization
PCI-DSS:Payment Card Industry Data Security Standard
RPO:Recovery Point Objective
VPN:Virtual Private Network

図表4-3　「クラウド選定基準」の一例

　災害対策環境の要否、運用要件、移行の容易性などを指す。
　2つ目の観点は、クラウドごとにリスクになり得る事項を整理しておくこと。リスクに該当するのは、事業継続性やクラウドの過去の実績、セキュリティー事情（国際的な認証の取得状況、実装可能なID管理方法など）、法令対応（GDPR対応など）、サポートレベル、契約期間などである。

　現状でリスクが高い、または将来的に期待が持てない技術を採用するサービスを選定しないように、自社以外の組織が公開するガイドラインも参考にするとよい。例えば米国国立標準技術研究所（NIST）が公開する「パブリッククラウドコンピューティングのセキュリティとプライバシーに関するガイドライン」（Guidelines on Security and Privacy in Public Cloud Computing）や、経済産業省の「クラウドサービス利用のための情報セキュリティマネジメントガイドライン」などをチェックしておこう。

　以上、２つの観点を総合して自社がクラウドに求める要件を整理し、「クラウド選定基準」を作成する。必要な基準は業種などによって異なるが、図表4-3に一例を挙げた。

　ここでは AWS、米 Google（グーグル）の「Google Cloud Platform」（以下、GCP）、米 Microsoft（マイクロソフト）の「Microsoft Azure」（以下、Azure）を比較し、自社にとってどのクラウドが最適か確認している。表の右側に自社で導入を検討中のクラウドの名前を列挙し、左側の要件に該当するかどうかチェックを付けていくとよい。

　注意しておきたいのは、全システムを必ずしも１種類のクラウドで統一する必要はないこと。現在の利用状況、コスト最適化、各システムの特性を考慮した結果、複数のクラウドを組み合わせるのがベストなケースもある。自社の状況次第で、マルチクラウド環境も視野に入れよう。

〔Step 5〕クラウド利用標準ガイドライン策定

　社内に「シャドーIT」として乱立したクラウドは、各利用部門がいわば「勝手に」設計したものだ。当然、サービスレベルやバッ

クアップ設計、ネットワーク設計、セキュリティーレベル、運用方式、課金体系などがバラバラで、利用部門ごとに個別最適化されている。

　情報システム部門が全貌を把握していないため統制は効かず、運用負荷の増大、品質の低下、セキュリティー上のトラブルなどを招きかねない。こうした問題を解消するには、まず乱立する複数のクラウドを、情報システム部門が選定した少数のクラウドに移行する。

　とはいえ利用するクラウドを単純に集約するだけで、全ての問題が片付くわけではない。移行時にはそのクラウドに最適化した設計・運用体制のシステムが求められる。以前のシステムをそのまま集約してクラウドに載せても、うまく稼働しないことがある。

　そこで参考にしたいのが、AWS、Azure、GCPなど大手クラウド事業者が公式Webサイトで公開する推奨システム構成だ。「ベストプラクティス」「レファレンスアーキテクチャー」などと呼ばれることが多い。

　クラウド事業者によっては、Webサイト上で業種やシステムの用途から必要なレファレンスアーキテクチャーを検索できる。レファレンスアーキテクチャーを参照すれば、目的に沿って、できるだけ効率的にクラウドを利用するための構成や設定の目星が付く。

　ただしレファレンスアーキテクチャーはあくまでも指針なので、自社の既存システムの設計や運用の実態を反映してはいない。そのまま自社システムに適用できるものではないのだ。そこで〔Step 5〕では各クラウド事業者のレファレンスアーキテクチャーを参考に、自社の既存システムの設計・運用方針、セキュリティー規定などを考慮した最適な「クラウド利用標準ガイドライン」を策定する（次ページの**図表 4-4**）。

　重要なのは、いかに既存システムの設計・運用方針を変更し、移

```
システム開発標準
■開発要件
・アプリケーション処理要件
・サーバー要件
　クラウドで実装するサーバー構成の要件
・開発基盤要件
　クラウドでの開発に必要な開発基盤要件
・ネットワーク要件
　クラウドへのネットワーク要件

■開発標準化
・デザイン方針
・アプリケーションデザイン標準化
　クラウドサービスの提供部品を利用した処理方式
・サーバー標準化
　ストレージ、OS、ミドルウエアなど
・開発基盤標準化
　開発環境、テスト環境、リモート接続など
・ネットワーク標準化
　アクセス制御、サブネットなど
```

```
運用方式標準
■運用要件・運用方式標準化
・リブート
・バックアップ/リストア
・ログ運用
　　監査ログ
　　OSログ（イベントログ/messagesログ）
　　ミドルウエアログ
　　アプリケーションログ
・時刻同期
・名前解決
・構成管理/デプロイ（展開）
・バージョン管理
・障害運用
　　障害運用方式
・監視運用
　　ノード監視
　　　　　　…
```

図表4-4　「クラウド利用標準ガイドライン」の一例

　行先のクラウドに適した形にできるかだ。クラウドの各種サービスは、クラウド事業者が推奨するレファレンスアーキテクチャーに基づいて利用した際に最も効果を発揮する。現行のシステム運用・設計をそのまま持ち込むとトラブルが起きやすくなったり、思ったほど効果が出なかったりする。古いシステムの設計・運用が足かせにならないよう、できる限り移行先のクラウドに適した形に変えておきたい。

　なお、「クラウド利用標準ガイドライン」はいったん定めたらそこで終了ではない。クラウド環境では頻繁に新サービスがリリースされるため、作成したガイドラインが短期間で陳腐化する可能性がある。一定期間ごとに見直して、必要なら更新しよう。

　移行後の新システムについて現場担当からフィードバックが来ることもある。システム全体にとって有効な内容なら、こちらも定期的にガイドラインに反映し、より企業の現状に適した内容へとメンテナンスしておく。

　企業内のユーザーに対してガイドラインの説明会を実施し、理解を深めてもらうことも大切だ。ガイドラインは実際に利用しないと価値がない。ユーザーがガイドラインを無視すると、システム移行前の統制が取れない環境が続いてしまう。そのため、新システムのキックオフ時に説明会を実施するだけでなく、その後も継続的に説明の機会を設けることを情報システム部門側であらかじめ決めておこう。

　レファレンスアーキテクチャーなどを活用し、クラウドに適した形のシステムを「クラウドネイティブ」と称する。クラウドネイティブについては4-3で詳しく紹介する。

〔Step 6〕クラウド活用グランドデザイン策定

　〔Step 1〕〜〔Step 5〕で検討した内容を踏まえ、「クラウド化の対象システム」と「クラウド化に必要なITインフラの現実的な将来像」についてグランドデザインを描く。

　まずはオンプレミス環境を含む現行システムと、それを支えるインフラのEOSL（End Of Service Life、製品やサービスの提供・サポートの終了期限）をチェックし、クラウド移行の実施時期を検討しよう。どんな移行ステップを経る必要があるかも検討し、ロードマップにまとめる。さらに各ステップにかかるコストと、オンプレミスからクラウドへの移行によるコスト削減効果を概算。構築や当面の運用にどんな体制が必要かも、併せて整理しておきたい。

　最後に〔Step 1〕からここまでに決めてきた内容を「クラウド活用基本構想書」としてひとまとめにしておこう。この構想書を基に社内の合意形成を図り、全社でクラウド活用を推進する。

4-3 クラウドネイティブなシステム構築法

インフラだけ乗り換えてもダメ アプリの設計もクラウドに適合

　4-1、4-2で紹介した通り、オンプレミス環境の既存システムをクラウドに移行する際、単純にインフラ部分だけを乗り換えてもうまくいかない。インフラ上で動作するアプリケーションもクラウドに適した設計にする必要がある。

　インフラ、アプリケーションともにクラウドの利用を前提に、クラウドに最適化されたシステムを「クラウドネイティブなシステム」と呼ぶ。クラウドネイティブ化の目的には、大きく以下の2点がある。

●運用負荷の軽減

一般にクラウドネイティブなシステムではインフラ構築やアプリケーションのリリースなど、従来は人手をかけていたさまざまな作業を自動化する。現場のエンジニアにとっては運用負荷が減り、その他の業務に注力できる。

●スピード、アジリティーの向上

自動化を進めることでソフトウエア開発からリリースまでにかかる時間を短縮したり、頻繁な改修に対応しやすくなったりする。情報システム部門の手間が省けるだけでなく、ビジネス部門（事業部門）にとっても「企画を思いついたらすぐにリリースできる」といったメリットがある。

　4-3では、そもそもクラウドネイティブとは何か、自社システムを
クラウドネイティブ化する際に何に注意すべきかを見ていく。

「回復性」「管理力」「可観測性」「疎結合」がカギ

　定義については、クラウドネイティブなシステムの普及推進を目
指す非営利団体で、Linux Foundation のプロジェクトの1つであ
る「Cloud Native Computing Foundation（以下、CNCF）」が「CNCF
Cloud Native Definition v1.0」という文書として公開している。ク
ラウドネイティブの定義と関連用語を一通り盛り込んだ文書なの
で、目を通しておくとよい。

　「CNCF Cloud Native Definition v1.0」によると、クラウドネイ
ティブな技術は「スケーラブルなアプリケーションを構築および実
行するための能力を組織にもたらします」（CNCF の文書から引用）
という。つまり、システムを単純にクラウドに移行しただけではク
ラウドネイティブにはならない。インフラ、アプリケーションとも
に高い拡張性を持つ、スケーラブルなシステムが必要となる。また、
情報システムの運用プロセスや運用体制・組織もクラウド化に沿っ
て見直すのが望ましい。

　CNCF では、クラウドネイティブなシステムの特徴として、「回復
性」「管理力」「可観測性」「疎結合」の4項目を挙げている。これ
らを「自動化」技術と組み合わせることで、サービスのリリースが
効率的になるという。

　4項目のうち「疎結合」については、第3章で解説した（3-1、
3-2を参照）。4-3ではCNCF の定義の残り3項目と、それらを支え
る「自動化」について詳しく解説する。

〔1〕回復性
〔2〕管理力
〔3〕可観測性
〔4〕自動化

〔1〕システムが壊れても素早く復旧できる「回復性」

　「回復性」とは、「システムはいずれ壊れるもの」という前提で設計を考えること。壊れた後でいかに早く復旧するかを重視して、インフラやアプリケーションを設計・構築する。

　従来のオンプレミス環境では、障害の発生率を下げることが重視されてきた。そのため、システムごとに必要な稼働率を定め、それを基にインフラなどの構成を決めていた。だが、こうしたシステムの設計・構築には時間とコストがかかる。スピードとアジリティーを重視するDXのシステムにはそぐわない。

　一方、クラウドネイティブなシステムのインフラには「壊れてもすぐ復旧できる回復性」を実現する機能が盛り込まれていることが多い。ある物理サーバーで障害が発生した際に、他の物理サーバー上でコンテナを復旧させる機能などが代表的だ。

　コンテナは、OS上のアプリケーションの動作環境を仮想的に複数に区切った単位のこと。各コンテナはOSや他のアプリケーションのプロセスから隔離された環境になるため、システム変更が容易で、再利用性が高くなる。その他、システムにかかる負荷に応じてコンテナ数を増減させるオートスケーリング機能なども有効だ。

　アプリケーション側は、障害発生時に素早く「リトライ」（リクエストを再試行）する設計が望ましい。例えばクラウド上のアプリケーションが、やはりクラウド上で稼働する特定のサービスにリク

エストを試みたとする。サービスが動いているサーバーに一時的な障害が発生した場合、アプリケーションにエラーが返ってくる。このとき、アプリケーション自体を終了してしまうのではなく、そのサービスに再リクエストを送ってできる限り処理を継続し、早期に復旧できるような実装にするなどの例が考えられる。

　もちろんシステムの構成・種類によって最適なリトライ手法は異なる。再度リクエストを送るタイミングなどは、システムごとに違うだろう。

〔２〕複雑さが増しても対応できる「管理力」

　「管理力」は、クラウド上のサービス稼働状況の管理や、サービス間の依存関係の把握が容易な状態を指す。クラウド上で特に大規模なシステムを動かす場合、サービスが著しく複雑化することがある。これに対処するには情報システム部門側での運用手法・運用体制の工夫が必要だ。

　例えば第３章で紹介したマイクロサービスはシステムの疎結合化に有効だが、導入するとクラウド上のコンテナ数が膨大になる点が課題だ。情報システム担当者から見ると、「どのコンテナでどのサービスが動いているのか」「そのサービスは何台のコンテナで動いているのか」「インフラ環境やアプリケーションはすべてのコンテナで同じになっているのか」などが分かりにくい。コンテナ間で分散したトランザクション管理の難易度は上がり、サービス間の依存関係やその検証プロセスも複雑化する。

　マイクロサービス導入時のコンテナ数は１社で数千件にも及ぶことがあるため、Microsoft Excel などの一般的なアプリケーションでは管理できない。そのため、複数サービスを統合管理できるクラ

ウド向けの専用ツールを導入し、担当者が全体を把握しやすい状態を作っておくことが重要だ。

〔3〕障害対応のために重要な「可観測性」

「可観測性」は、クラウド上で稼働するシステムの詳細かつ正確な情報をどのくらい取得できるかを指す。特にシステムの停止や性能低下などの問題が発生したときは、取得できる情報の質と量で復旧までの時間が変わってくる。取得しておきたい主な情報としては、「メトリクス」「ログ」「分散トレーシング」の３項目がある。

メトリクスは一定間隔で時系列に沿って収集されたデータのこと。例えば「CPU 使用率」「ディスク使用率」などが該当する。ログは、システムイベントの記録のことだ。分散トレーシングは複数サービスを経由するリクエストのパスをエンド・ツー・エンドで把握する技術とそのデータのこと。マイクロサービスのような、複数のサービスで構成される分散システムにおいて重要となる。

ちなみにクラウド上に展開したコンテナの数が増えてくると、各コンテナに個別にログインしてデータを確認するのは大変だ。そのため、後で分析しやすいように複数のコンテナの情報を、一元的に管理できる場所に転送して集めておく。こうしたデータ管理・監視の手法を「テレメトリー」と呼ぶ。

〔4〕環境構築やリリースはできる限り「自動化」

「自動化」は、「アプリケーションを動かすインフラ環境の構築」「アプリケーションのリリース」「障害検知・復旧」などを自動で実行すること。従来のオンプレミスのシステムにも自動化を導入している部分はあるが、クラウドネイティブ化に当たって、それをさらに

推し進める。自動化できる範囲のものは最大限に自動化するつもりでシステム設計するのがよい。

　インフラ環境の構築は、「Infrastructure as Code」（IaC）を取り入れて自動化する。IaCは、従来は手動で実施していたサーバーなどの構築作業をコード化し、プログラムによってコントロールする考え方。インフラ環境の構築工数の削減、テストの自動化、人為的ミスによる障害の排除などを実現する。

　なおコード化には、インフラの設定が統一されていることが前提となる。設定が統一され、コード化によって自動化が進んだインフラ環境が整うことで、〔2〕で挙げた「管理力」もさらに強化される。

　開発したソフトウエアのビルド、テスト、デプロイ（展開）のプロセスは、継続的インテグレーション / 継続的デリバリー（Continuous Integration/Continuous Delivery）という手法で自動化する。継続的インテグレーションとは、従来は開発の後半でまとめて実施していたソフトウエアモジュールの統合やビルド、テストなどの作業を、頻繁なコード変更に対応するため自動化し、定期的に実施する開発手法である。継続的デリバリーは、変更後のソフトウエアをサーバーに展開するなどのリリース準備まで自動化する開発手法だ。これにより、アプリケーションの開発からリリースまでの工数の削減や、人為的ミスによる障害の減少が見込める。

　ひとたびシステムが稼働した後も、状況が変化するたびに自動で構成が追随するような設計にしておくのが望ましい。例えば「システムに負荷がかかったら自動的にインフラのリソースを増強する」「障害を検知したら、自動的にインフラからアプリケーションまで復旧する」といった具合だ。〔1〕の「回復性」で挙げたオートスケーリングやリトライの機能を活用し、自動化と組み合わせていくとよい。

クラウドネイティブ化の重要ポイント4項目

　自社でクラウドネイティブなシステムを検討する際、ポイントとなるのは以下の4項目だ。

　①アーキテクチャー設計
　②開発手法
　③体制・組織
　④運用プロセス

①アーキテクチャー設計

　クラウドネイティブなアーキテクチャー設計の代表には、マイクロサービスアーキテクチャー（MSA）とサーバーレスアーキテクチャーの2種類がある。MSAの基本については、第3章を参照してほしい。

　4-3ではMSAに欠かせないクラウド技術、コンテナを検討する際の注意点を見ていこう。

　コンテナを採用したシステムでは、ソフトウエアの開発・実行環境を手軽に構築できる点がメリットだ。一方で管理対象となるコンテナの数が増えると、運用・管理が複雑になるという課題がある。そこで、ある程度コンテナの数が増えてきたら、「コンテナオーケストレーション」の導入を検討する。

　コンテナオーケストレーションは、コンテナ化されたアプリケーションのデプロイやオートスケーリング、管理などの自動化技術のこと。クラウドネイティブなシステムが目指す「回復性」と「管理力」の強化が期待できる。OSS（オープンソースソフトウエア）や商用

製品としてコンテナオーケストレーションを実現するツールが提供
されている。代表的なコンテナオーケストレーションツールとして、
OSS では「Kubernetes」、商用製品では「Red Hat OpenShift」な
どがある。

　コンテナオーケストレーションツールの中には分散トレーシング
を行う監視ツールを含むものもあり、「可観測性」の向上にも役立つ。
自社で導入するコンテナオーケストレーションツールがこうした機
能を持たない場合は、別途専用ツールの導入を検討しよう。

　もう１つのサーバーレスアーキテクチャーは、ユーザーがサーバー
の存在を意識せずに済むようなアーキテクチャーを指す。サーバー
レスといわれると「サーバーを必要としない」「サーバーを使わない」
というイメージが浮かぶが、実際はそうではない。

　サーバーレスアーキテクチャーでは、ユーザーはクラウド側のマ
ネージドサービスとしてサーバーを利用する。このため、サーバー
管理に煩わされることなくソフトウエア開発だけに集中できる点が
メリットだ。

　このアーキテクチャーの導入を検討する際にポイントとなるのが
「FaaS（Function as a Service）」である。FaaS はマイクロサービ
スよりもさらに細かい Function（つまり「機能」や「関数」）の単
位でサービスを区切り、Function 単位でリクエストをやり取りして
処理を実行するアーキテクチャーだ。

　近年では、サーバーレスアーキテクチャーを選択した多くの企業
で FaaS が採用されている。「AWS Lambda」「Azure Functions」
「Google Cloud Functions」など、大手のクラウド事業者はいずれも
FaaS のサービスを提供している。

　FaaS ではサービス側がリクエストを受信したタイミングでサー

バーのリソースが確保され、処理が完了したら即座にリソースが解放される。処理の実行に必要なリソースの割り当てや負荷に応じてのスケーリングは、クラウドサービス側が自動的に実行する。

このように FaaS は高い可用性とスケーラビリティーを持つ点がメリットだが、一方で以下のような課題がある。

- 実行時間が短い処理しか使用できない（例えば「AWS Lambda」では 15 分まで）
- Function に対するメモリーの割り当てに制約があり、軽量な処理にしか使えない（例えば「AWS Lambda」では 3008MB まで）
- リクエストを出した後で処理を実行するサーバーを起動するため、低遅延を求められる処理には向かない

以上のような課題に留意する必要があるかは、企業の業種やシステムの種類によって異なる。例えば基幹システムなどで大量のデータの一括処理が必要なケースは、「処理にかかる時間」や「割り当て可能なメモリー容量」の制約に抵触する可能性が高いので、そのままサーバーレスアーキテクチャーを利用することは難しい。

そのほか大量の IoT（Internet of Things）デバイスなどが不定期にデータを書き込み、それに応じてサーバー側でデータを収集・加工するシステムでは、個々のリクエストのデータ量は小さく、処理時間も短い。その一方で必要なサーバー性能を事前に見積もりにくいため、クラウド上でのサーバーレスアーキテクチャーの利用に向いており、近年事例が増えてきている。

ただし、サーバーレスアーキテクチャーは標準化が進んでいない。

つまりクラウド事業者ごとに存在するサービスの制約に従ってシステムを構築する必要があり、特定の事業者に「ロックイン」される可能性がある点は覚えておこう。当面はシステム移行が発生しない見込みの新規事業で使うなど、目的に応じた選択が必要となる。

　なお、MSA とサーバーレスアーキテクチャーのいずれを選択するかにかかわらず、アプリケーション設計時には「回復性」を重視すべきである。どちらのアーキテクチャーでも実現できる「回復性」重視の設計例としては「1 つの大きな処理を複数の小さな処理に分割し、並列して実行する」といったケースが考えられる。こうすると処理が異常終了した際のリトライ時間を短縮でき、素早い復旧が実現できる。

　その他、障害発生時の影響を極小化するために、処理を可能な限り「ステートレス」な設計にしておくのもポイントだ。ここでいうステートレスは、マイクロサービスや Function の側で、リクエスト送信元の「状態（ステート）」を管理しないという意味である。あるノードで障害が発生しても、個々のマイクロサービスや Function は処理中のリクエストのステートに関するデータを保持しない。そのため、同じ役割を持った他のノードにリクエストを振り分けて処理を続行できる。

②開発手法

　クラウドネイティブなシステムでは、スピードとアジリティーの向上のため、ウオーターフォール開発からアジャイル開発に移行していく必要がある。また、品質向上を目指しつつ頻繁なソフトウエアのリリースに対応するため、DevOps の導入も検討しよう（アジャイル開発や DevOps の詳細は第 5 章を参照）。

③体制・組織

②で紹介した新しい開発手法を導入する際は、しばしば企業の組織や体制も変化が求められる。「ビジネス部門（事業部門）」「開発部門」「運用部門」といった従来の垣根を取り払い、三者一体のチームとなって迅速に品質の高いサービスを提供できる組織を目指す。

IT業界で広く知られる法則の1つに、「チームの構造とシステムの構造は同じになる」という「コンウェイの法則」がある。この法則に従うと、「クラウドネイティブなシステム（サービス）は従来よりも細かく分割されているため、開発する組織の側もサービスに合わせて分割されるべきではないか」と考えられる。

とはいえ、急に大規模な組織変更を実施するのは難しい。まずは、既存の組織から切り離した、クラウドネイティブ向けのチームを作るところから始めよう。筆者の見聞きした範囲では、実際にシステムに高度なスピードとアジリティーを持たせるため、部署をまたいだクラウドネイティブの独立チームを立ち上げる企業が増えてきている。

④運用プロセス

クラウドネイティブ化のため開発手法や体制・組織を変更したら、それに合わせて運用プロセスも見直す必要がある。

オンプレミスのシステムが主流だった時代から、多くの企業が運用プロセスの標準化と安定のために参照しているベストプラクティスとして「ITIL（Information Technology Infrastructure Library）」がある。ITILに従った運用プロセスを導入している企業では、サービス変更時には会議などで承認を得る必要があるのが一般的だ。オンプレミスのシステムでは他システムとの連携が密接なため、1つ

の小さな変更が多方面に影響を及ぼさないか吟味する必要がある。

　一方、クラウドネイティブなシステムではサービス変更時のプロセスはもっとシンプルになる。例えば MSA を採用したシステムを例に考えてみよう。MSA では、マイクロサービス同士の関係は疎結合になる（詳細は第 3 章を参照）。

　マイクロサービス同士は API（Application Programming Interface）で通信する。そのため、API に影響を及ぼさない範囲の修正なら、基本的に他のマイクロサービスに影響は出ない。密結合なオンプレミスのシステムよりも、改修時の影響の見積もり作業が簡単になる。

　クラウドネイティブなシステムでは、こうしたアーキテクチャー上の変更点を踏まえつつ、以下のようなリリース手法を組み合わせて使うことが多い。いずれもリリース時の影響を最小限にとどめ、システム障害が起こっても素早くロールバックするための手法だ。

・カナリアリリース
段階的なリリース手法。新機能を一部ユーザーだけに先行リリースする。先行ユーザーが使用して問題ないことが確認できたら、全体にリリースする。

・ブルーグリーンデプロイメント
現状の本番環境（ブルー）とは別に新しい本番環境（グリーン）を構築し、ロードバランサーの接続先を切り替えるなどして新しい本番環境をリリースする手法。現状の本番環境を保ったまま、新しい本番環境に切り替えて正常に動作することを確認してから旧環境を破棄する。切り替え時の可用性を高められる。

　ここまでの内容で明らかなように、クラウドネイティブ化を実現するには、単純にクラウドを導入するだけでは済まない。IT アーキテクチャーの設計、開発手法、組織の在り方、運用プロセスなどさまざまな面での検討が求められる。とはいえ、このすべてを一気に進めるのはハードルが高いので、まずは「インフラ環境の構築自動化」や「アプリケーションのリリース自動化」など、自社の環境に応じて取り組めそうなところを探してみよう。

第 5 章

アジャイル開発とDevOps

5-1　アジャイル開発とDevOpsの課題

向き/不向きを見極めれば
エンタープライズでも使える

　第1章～第4章でしばしば言及されてきた「アジャイル開発」や「DevOps」は、スピードやアジリティーを重視する DX のシステム開発現場に適した、比較的新しい開発手法だ。

　うまく使えば大きなメリットがある手法だが、有識者の不足、品質担保の難しさ、トータルコストの不透明性などを背景に導入をためらう企業も多い。特に大規模な企業向け情報システム（エンタープライズシステム）は、依然としてウオーターフォール型で開発することが多いのが実情だ。

　そこで、第5章ではアジャイル開発や DevOps の課題とその対策を整理し、企業がこれらの新しい開発手法を効果的に活用するためのエッセンスを紹介する。「これさえ実行すれば必ずうまくいく」という万能薬は存在しないが、自社の置かれた環境に照らし合わせて、課題を解く参考にしてほしい。なおアジャイル開発にはさまざまな手法があるが、ここでは代表的な「スクラム」を例に取り上げる。

なぜ相性が良い？　アジャイル開発とDevOps

　アジャイル開発と DevOps は、できれば一緒に導入するのが望ましい。なぜ同時に採用すべきなのかは、この2つの開発手法の概念や、登場の背景を知ると理解できる。

　アジャイル開発（スクラム）では開発のアジリティーやスピード
を上げるため、ソフトウエアの実装からテストまでを「スプリント」
と呼ばれる短期間で実施する。そしてスプリントを繰り返すことで、
システムを作り上げていく。この開発・改善の繰り返しの1サイク
ルを「イテレーション」と呼ぶ。

　一方、DevOps は開発（Development）と運用（Operation）の
プロセスを極力自動化しつつ、この2つを一体として運営すること
で、開発スピードと品質の向上を目指す体制である。

　従来の情報システム部門が DX の求めるスピードやアジリティー
に対応できない原因には、開発プロセスにおける「ビジネスが変化
する速度と開発スピードとのギャップ」「スピードを上げたい開発
部門と安全性・安定性を重視する運用部門とのギャップ」の2つが
あった。前者の解決手段としてアジャイル開発が、後者の解決手段
として DevOps が登場した経緯があり、両者を組み合わせると上
記2点のギャップを共に解消できる。

　以上から、筆者はアジャイル開発と DevOps を併せて導入すると、
開発スピードや品質の向上の観点で大きな恩恵を受けられると考え
ている。そのため、第5章ではアジャイル開発と DevOps をセット
で紹介する。

「早く開発したいから」だけで導入するのは危険

　従来、企業の情報システム開発は主にウオーターフォールで行わ
れてきた。近年はアジャイル開発と DevOps が台頭してきたが、こ
れら新しい手法にも向き不向きがある。すべてのシステム開発を、
単純にアジャイル開発・DevOps に置き換えれば済むわけではない。

　例えば一般にアジャイル開発・DevOps は、「ビジネス IT」（一般消費者を対象とした Web サービスなど）のような俊敏性・柔軟性を重要視するシステムに向いた開発手法といわれる。しかし、「コーポレート IT」（社内で利用する業務サービスなど）に全く向いていないとも言い切れない。以下のような特性が求められるシステムなら、コーポレート IT かビジネス IT かに関係なく、アジャイル開発・DevOps を導入する価値は十分にある。システムの全体ではなく、一部だけに導入するのも有効だ。

●アジャイル開発・DevOps のメリットを得やすいシステム
・毎週とまではいかないが、少なくとも 1 〜 2 カ月ごとのリリースが必要
・定期的、あるいは開発途中での要件変更が多い。改修のたびにバグが発見される
・想定されるユーザーの利用環境数が非常に多く、改修時の試験工数が開発工数の 50％以上を占める

　つまり「何度も改修や機能追加を実施する」「要件や環境の変化に柔軟に対応する必要がある」システムは、アジャイル開発と DevOps に向いている。
　言い換えると「要件が明確」「改修などの変更が少ない」とあらかじめ分かっているシステムの場合は、ウオーターフォールで開発したほうがコスト的にも初期品質的にも良い結果が得られることが多い。仮にビジネス IT の領域に当てはまるシステムでも、繰り返しの改修が不要ならアジャイル開発・DevOps 導入のメリットをそこまで享受できないのだ。

　システムの特性や要件を考慮せず、「とりあえず早く開発したいからアジャイル開発・DevOps」という考えは失敗のもとである。自社システムに本当にアジャイル開発・DevOps が必要かは、一度立ち止まってじっくり考えよう。

「導入済み」は26.4%、採用が進まない理由は？

　アジャイル開発・DevOps はどのくらい普及しているのだろうか。筆者が勤務する野村総合研究所が 2019 年に実施した「ユーザ企業の IT 活用実態調査」（394 社が回答）によると、アジャイル開発を「導入済み（または推進中）」と答えた企業は 26.4％にとどまる。「導入を検討中」は 15％、「今後検討したい」と答えた企業の割合は21.6％だった。DevOps については「導入済み（または推進中）」の企業が 8.6％、「導入を検討中」が 10.4％、「今後検討したい」が19.8％という結果になった。どちらの手法も、導入率はまだまだ低い状況にある。

　導入が進まない理由は「そもそも必要と感じていない」「エンジニアや有識者の不在のため導入が難しい」など企業によってさまざまだ。その中でもよくあるのが、セキュリティー対策や品質の確保に課題があるケースである。順番に見ていこう。

高度化するセキュリティーに対する課題

　Web アプリケーションに対する攻撃手法は年を追うごとに高度化・多様化しており、セキュリティー対策の重要性が認識されるようになって久しい。ビジネス IT を構成する Web アプリケーション開発の現場ではしばしばアジャイル開発や DevOps が採用されているた

め、これらの手法に合わせたセキュリティー対策が求められる。

　アジャイル開発・DevOps ではソフトウエアを頻繁に改修する前提で、短期間の開発サイクルを繰り返す。そのため「改修のたびにセキュリティー診断を実施する」といった対策は手間がかかりすぎて現実的でない。

　従来のソフトウエア開発では要件定義・設計の時点でセキュリティーを考慮した仕様を盛り込み、コーディング後のテストで検証するのが一般的だった。しかし、アジャイル開発・DevOps では開発サイクルが速すぎるため、こうしたコーディングの事前・事後のセキュリティー対策だけでは対処しきれなくなってきた。開発プロセスの中に、セキュリティー対策を密接に組み込む必要が出てきたのだ（詳細は 5-2 を参照）。

品質の確保に対する課題

　もう 1 つの大きな課題が品質である。企業の情報システムでは開発スピードを重視する以上に、品質を重視することが多い。筆者の経験では、特に大規模システムの場合、アジャイル開発・DevOps を採用していても、ウオーターフォール並みの品質が求められるケースが大半である。開発のスピードを維持しつつ高品質を実現する工夫が必要となる（詳細は 5-3 を参照）。

　以上の課題を踏まえつつ、アジャイル開発や DevOps を活用するには「システム」「体制や組織」「プロセス」という 3 つの観点から対策を施す必要がある。この 3 点については 5-2、5-3 で詳しく解説する。

5-2　システム分割と組織編制のポイント

システム分割の粒度と
チーム編成・運用が成功のカギ

　5-1 では、アジャイル開発と DevOps の概要と、導入のハードル
となる課題を説明した。5-2 では課題を踏まえつつ、企業がアジャ
イル開発と DevOps を活用するためのポイントを見ていこう。

　まず前提として重要なのが、開発するシステム、開発元の企業の
規模にかかわらず、「マネジメントを担う組織の長がアジャイル開
発や DevOps を正しく理解したうえで推奨している」ことだ。

　問題になるのは、例えばアジャイル開発・DevOps で開発を始め
たものの、ウオーターフォールの考え方が抜けきらない組織の長が
「いつ完成するのか？」「トータルでいくらかかるのか？」「設計書
を確認したい」などと、頻繁に報告を要求してくるケースだ。開発
チームのメンバーが回答に余計な時間を割かざるを得なくなり、肝
心の開発が遅れかねない。

　そのため筆者は、開発プロジェクトが始動する前に役員・プロジェ
クト責任者・各部門長など「組織のマネジメントを担い、かつソフ
トウエア開発のステークホルダーである人々」に対してアジャイル
開発・DevOps の概要を説明し、その有効性を説得することを推奨
する。

　プロジェクトが動き始めた後は、上記のステークホルダー陣に月
に 1 回以上の定期的な報告の場を設けるとよい。実際に構築したプ
ロダクトや、現在の作業進捗状況が予定とどのくらい異なるか分か

る「バーンダウンチャート」、要件や開発すべき機能をまとめ、タスクの進捗状況が分かる「プロダクトバックログ」などを提示して説明し、ステークホルダーの理解を得る。

エンタープライズへの適用ゆえの悩みどころ

　そのほか、特に大規模な企業情報システムにアジャイル開発・DevOps を導入する際は、大規模特有の課題が発生する。5-2では「システム」「体制や組織」、5-3では「プロセス」という切り口で、課題とその解決策を紹介する。

システムのポイント：適切な開発手法の見極めとシステム分割

　一般にスクラムの手法でアジャイル開発・DevOps を実施する際、適切な開発チーム（スクラムチーム）の人数は3〜9人といわれている。ところが大規模な企業情報システムの開発現場では、もっと多人数の開発メンバーを必要とすることが多い。規模が大き過ぎて、3〜9人のチームで開発を進めるのは現実的ではない。

　この場合、取り得る手段は2通りある。「大規模システムを3〜9人の適正人数で対応可能な細かいシステムに分割した上でアジャイル開発・DevOps を導入する」、または「分割が難しいならアジャイル開発・DevOps は採用せず、システム全体をウオーターフォールで一括開発する」かのどちらかだ。

　可能な範囲で、システムの一部だけにアジャイル開発・DevOps を導入する手もある。まず、システム全体をサブシステム単位または機能単位に分割し、「改修などの変化が多いと想定されるもの」と「そうでないもの」に分類する。前者はアジャイル開発と DevOps、後

者はウオーターフォールと、特性に合わせて開発手法を選択できれば理想的だ。

　とはいえ、ただ単純にシステムを分割しただけでは不都合も生じる。例えば「システム分割後に、複数のシステム間で機能が重複していると分かった」ケースや、「システム間で異なるデータ連携方式を想定して設計などを進めてしまった」ケースだ。こうした事象が起こると、後日システムを結合する際に多大な工数を割くことになってしまう。アジャイル開発・DevOpsの目標であるスピードとアジリティーが実現できない。そのため、システム分割の際には複数の開発チーム間で方針およびルールを統一する必要がある。方針策定時に考慮すべき点の例を、以下に挙げた。

●システム分割時に共有しておくべき方針の例
・業務モデル（業務の内容・機能や手順などを図式化したもの）
　と分割されたシステムがリンク（対応）していること
・分割されたシステム同士が疎結合であること（あるシステム
　内部の変更が、他システムに影響を与えない）
・分割されたシステム同士は標準的なインターフェースでデー
　タをやり取りすること

　開発サイクルを回し始める（スプリントを始める）前に、上記のようにシステム分割後の絵姿や、各システム間のデータ受け渡しの方式などを取り決めておこう。

　なお、これはウオーターフォールを採用したシステムと並行して開発を進める場合も同様である。こうした方針を取り決めて共有しておかないと、アジャイル開発・DevOpsで開発したシステムとウ

オーターフォールで開発したシステムとの間で仕様の整合性が取れないといった問題が起こり得る。相互の開発チームに悪影響が出ないよう、十分な情報共有が必要だ。

体制や組織のポイント〔1〕:
プロダクトオーナー、スクラムマスターとその他3つの役割設定

　アジャイル開発・DevOps におけるスクラムチームの人数は、前述の通り3〜9人程度。プロダクトオーナー（以降、PO）とスクラムマスター（以降、SM）、そのほかのチームメンバーで構成されるのが一般的だ。

　PO はチームにビジョンを示す最も重要な役割である。ユーザーとの要求事項の合意や、必要機能の優先順位付け、成果物の確認など業務は多岐にわたり、体力的・精神的に大変負荷がかかる。そのため、意思決定を行う PO は1人に定めるものの、PO の負荷を分散するためビジネスサイド（事業部門）や現場から「PO 補佐（ビジネス）」、システム開発サイドから橋渡し役の「PO 補佐（システム）」を選出し PO をサポートするなど、PO チームを組成して業務を分担することもある。特に、エンタープライズシステムなど要件が複雑な開発プロジェクトにおいては有効だ。

　ただし、PO 業務を分担する際には、他の役割のチームメンバーがどの PO と話せばよいか混乱しないよう、PO ごとの担当範囲をしっかり定めて周知しておく必要がある。補佐を含めた PO 間での密なコミュニケーションも必須だ。

　SM はアジャイル開発のプロセス（スプリント）を「回す」役割を担う。チーム内の障害を取り除き、PO やメンバーが力を出し続けられるような環境を守る役割である。そのため、チームメンバー

に対して処理しきれないような膨大なタスクをPOが要求した場合には、タスク量を減らすようにPOに進言する必要がある。一方、チームメンバーに対しては守るべきルールを課すケースがある。SMには信念をもって闘い、協調もできるスキルが求められる。

　エンタープライズシステム開発では規模が大きくなればなるほど、自分たちの開発する機能がユーザーにとって重要なのかが分かりにくくなる。SMはチームメンバーに対して、「開発中の機能が自社ビジネスにおいてどれほど重要な役割を担っているか」「その開発がどのように前向きな未来を自社とユーザーにもたらすのか」をチームメンバーに熱意をもって伝え続けることが重要だ。チームを同じ方向に導き、モチベーションを高めることもSMの重要な役割なのである。

　そのほか品質やセキュリティーを重要視するエンタープライズシステムを開発する際は、チーム内に「品質管理担当」「セキュリティーチャンピオン」「技術リーダー」という3つの役割も設けるのが望ましい。

　スクラムのチームメンバーは、最終的に自社システムの開発に必要な幅広い知識とスキルを備える「フルスタック」を目標とするため、通常は開発工程における役割は固定しない。ただし、上記3種類の役割は固定を推奨する。品質管理やセキュリティーに関しては、固定メンバーが一貫した基準で対応した方が望ましいためだ（3つの役割の詳細は後述）。

　なおスクラムチームは、自社の重要な差異化要因となるプロダクトやサービスに関わるため、自社のメンバー（内製メンバー）で構成するのがよいとされている。しかし、日本企業においては技術やスキル、人材面で難しいケースが多い。

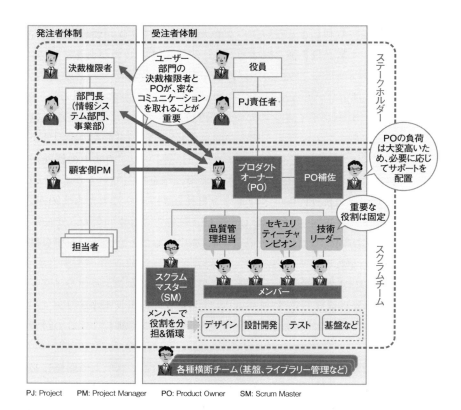

発注者体制　　　受注者体制

ステークホルダー

決裁権限者

ユーザー部門の決裁権限者とPOが、密なコミュニケーションを取れることが重要

役員

部門長（情報システム部門、事業部）

PJ責任者

POの負荷は大変高いため、必要に応じてサポートを配置

顧客側PM

プロダクトオーナー（PO）

PO補佐

重要な役割は固定

担当者

品質管理担当

セキュリティーチャンピオン

技術リーダー

スクラムチーム

スクラムマスター（SM）

メンバー

メンバーで役割を分担&循環

デザイン　設計開発　テスト　基盤など

各種横断チーム（基盤、ライブラリー管理など）

PJ: Project　　PM: Project Manager　　PO: Product Owner　　SM: Scrum Master

図表5-1　開発受注時のアジャイル開発・DevOpsチームの体制

　そのため、**図表 5-1** では日本企業でよく見られるシステムインテグレーションの現場をイメージし、「開発を IT ベンダーが準委任契約で受託する」ケースを想定している。

　図表 5-1 を参照しつつ、「品質管理担当」「セキュリティーチャンピオン」「技術リーダー」の役割をもう少し詳しく見ていこう。なお、

これらの役割はあくまで各分野における「推進役」であり、責任を負うものではない。責任はチームメンバー全員で負うのがスクラムの原則である。

品質管理担当

　チームの中で、品質に関する検討をリードする役割。アジャイル開発・DevOps では「テスト駆動開発」と「自動化」を中心にスプリントの中で改善を進め、自動化の適用率を高めていく。テスト駆動開発は、名前の通りテストを中心とした開発手法。プログラムの実装前にテストコードを書き、テストコードに適合するように実装とリファクタリングを繰り返す。テストと修正のサイクルを回していくことで、ソフトウエアの機能面での品質を上げるのが目的だ。

　こうした手法を使うため、アジャイル開発・DevOps ではテスト戦略が重要となる。具体的にはコーディングルールの整備やチェックの自動化、レビュー頻度の決定、ブランチ戦略の立案、レビュー観点・運用方法の整備、評価指標の決定、社内のリリース判定との整合性などだ。ブランチ戦略とは、機能の違う複数の開発を同時に進める場合に、相互に影響が少なくなるよう分離・統合する際の取り決めや考え方である。品質管理担当は、これらの戦略をリードする存在だ。

　なお、決裁権限者（図表 5-1 の左上）を交えたステアリングコミッティ（運営委員会）を高頻度で開催することも、ユーザーの求める品質確認とガバナンス強化のために有効である。週 1 回〜月 1 回ぐらいの頻度で開催するとよい。単なる状況報告だけでなく、これまでの実装機能に関する合意や今後の方向性、開発メンバーの稼働状況の調整などを包み隠さず伝える必要がある点に注意しよう。

セキュリティーチャンピオン

　チームの中で、セキュリティーに関する検討をリードする役割。最新のセキュリティー情報を収集し、企画・設計段階からセキュリティーの観点における作り込みやレビューをけん引する。このようにソフトウエアの企画段階からセキュリティーを考慮する開発手法を「DevSecOps」と呼ぶ。

　ビジネス IT の世界では、これまでの事前・事後のセキュリティー対策では対処しきれない状況が増えているため、以下に挙げたセキュリティーテストの自動化を継続的インテグレーション / 継続的デリバリー（CI : Continuous Integration/CD : Continuous Delivery）のプロセスに組み込む。これにより、セキュリティーリスクの自動的な検出と低減を目指す（CI/CD の詳細は後述）。

- SAST : Static Application Security Testing（静的解析によるアプリケーションのセキュリティーテスト）
- DAST : Dynamic Application Security Testing（動的解析によるアプリケーションのセキュリティーテスト）
- IAST : Interactive Application Security Testing（アプリケーション実行環境内の監視とソースコード解析を組み合わせたアプリケーションのセキュリティーテスト）

技術リーダー

　チームの中で、最新の技術調査やツールの導入をリードする役割。近年、米 Amazon Web Services（アマゾン・ウェブ・サービス）の AWS や米 Google（グーグル）の Google Cloud Platform（GCP）などのクラウドベンダーからアジャイル開発・DevOps に役立つサー

ビスが次々とリリースされている。例えばコード品質向上ツールの「Amazon CodeGuru」や、脆弱性診断サービスの「Amazon Inspector」の活用は開発の効率化、スピードとアジリティーの実現に大きく寄与する。

　技術リーダーはチームメンバーを巻き込みながらツールの使い方を紹介し、導入や自動化を推進していく。初めてアジャイル開発・DevOps に携わるメンバーが多い場合、チーム内に技術リーダーとそれをサポートするメンバーが複数人いると、チーム内での新技術の適用が格段にスムーズになる。

体制や組織のポイント〔2〕：
開発と運用が一体となったSRE型組織の組成

　PoC（Proof of Concept、概念実証）や小規模な開発プロジェクトは、各チーム内で完結して作業できる。ところが開発規模が大きくなってプロジェクトの数が増えると、組織としてどのようにアジャイル開発・DevOps に適合するかが難しくなる。「開発と運用が一体となったアジャイル開発・DevOps を、既存の組織にどう組み込むか」という問題が生じるのだ。

　従来のウオーターフォール開発では、開発と運用、あるいはアプリケーション担当とインフラ担当は別々の組織になっていた。こうした既存の組織体系にアジャイル開発・DevOps をそのまま当てはめてもうまくいかない。例えばアジャイル開発・DevOps によるPoC や開発がいくつかのプロジェクトでうまく進み出したため、「今後は効率化のため、基盤チームが保守・運用を実施している社内の共通基盤に乗せる」と決まったものの、実際には適切に機能しないといったケースがある。

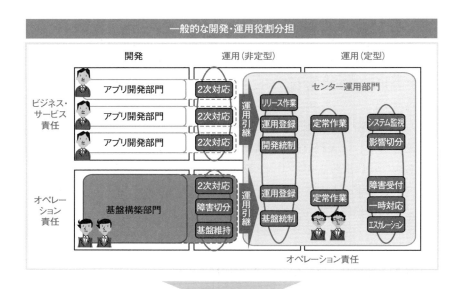

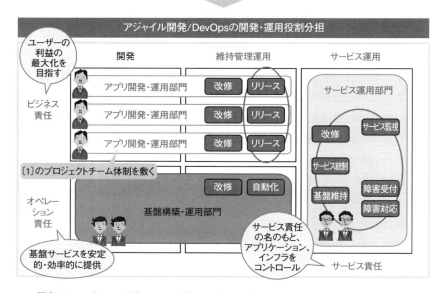

図表5-2　アジャイル開発/DevOps基盤の開発・運用役割分担

　この問題に対しての1つの解が、**図表5-2**のような「アプリケーション（以下、アプリ）開発・運用部門」と「基盤構築・運用部門」と「サービス運用部門」に分かれた組織である。これはGoogleの提唱するSRE（Site Reliability Engineering）をベースとした組織だ。SREはサービスの信頼性を向上させる運用の方法論や、それに携わる技術者の役割をまとめたコンセプト。ソフトウエアエンジニアがプログラミングなどを活用しつつ、運用業務の設計を担う。

　SREでは、従来の「早く開発したい」開発部門と「安全に受け入れて運用したい」運用部門との相反する目的意識の解決を目指す。バラバラだった開発部門と運用部門をまとめて、「アプリ開発・運用部門」という一体のチームにする。以前は独立していた基盤構築部門も、同様に運用部門と一体化して「基盤構築・運用部門」とする。

　ただし、この状態ではアプリ部門と基盤部門が分かれているため、サービス全体として責任の所在があいまいになるという課題がある。サービス改善に取り組む際、誰が先導すべきか分かりにくくなるため、かえって部門間の連携が難しいのだ。そこで、アプリ部門と基盤部門の連携を図るために「サービス運用部門」を設置し、適切な障害対応やサービス改善要求などを実施する。

　「アプリ開発・運用部門」「基盤構築・運用部門」「サービス運用部門」それぞれの役割を次ページ**図表5-3**にまとめた。なお、「体制や組織のポイント〔1〕」で紹介したエンタープライズシステム開発プロジェクト向けのチーム体制は、「アプリ開発・運用部門」に含まれる。

　図表5-3の通り、「アプリ開発・運用部門」「基盤構築・運用部門」「サービス運用部門」は責任領域が分かれており、それぞれの責任に応じた目標やKPI（Key Performance Indicator）を設定する。

部門	部門の役割と特徴	責任領域	責任領域の説明
アプリ開発・運用部門	●主にアプリケーションに関する開発・運用のチーム ●アプリケーションごとにチームが分割されているケースが多い ●主に、アプリケーションの可用性・パフォーマンスの向上やデプロイ（展開）環境を活用してリリースを行う	ビジネス責任	●ユーザーのビジネスに関する責任を持つ 例）事業戦略、売り上げ、利益などへのコミット ●サービス責任者と、SLA または SLO を締結する
基盤構築・運用部門	●サーバーやネットワーク、クラウドの基盤における構築・運用を担当するチーム ●インフラは上位に複数のアプリケーションが乗るなど、共有で構築・運用されているケースが多い。複数のアプリケーション開発プロジェクトをまたぎつつ、共通化および標準化された基盤を構築・運用する ●主に、サーバーなどの可用性・パフォーマンスの向上、デプロイ環境および運用基盤の整備・機能追加を行う	オペレーション責任	●基盤サービスを継続的に提供するための責任を持つ 例）オペレーションレベル（サーバー、ネットワーク、ファシリティーのサービス品質・効率など）へのコミット ●サービス責任者と OLA を締結する
サービス運用部門	●「アプリ開発・運用部門」、「基盤構築・運用部門」にまたがって、サービス監視や障害の管理、サービスの維持を目的とするチーム ●IT 機器増強などサービスの拡張に関わる増強・更改を統括管理する ●主に、サービス稼働情報の収集・分析やサービスマネジメントプロセスの改善、および運用基盤へのサービス情報の登録・追加を行う	サービス責任	●ユーザーへのサービスを継続的に提供するための責任を持つ 例）サービスレベル（サービス稼働率など）へのコミット

SLA: Service Level Agreement　　SLO: Service Level Objective　　OLA: Operational Level Agreement

図表5-3　3つの部門の特徴と責任領域

　各部門が自らの責任領域において継続的改善を進めると、部門間で目標が相反することもある。例えば、「アプリ開発・運用部門」は「サービス改善の速度」を上げるための改修をしたいが、それは「サービス運用部門」が重視する「サービスの可用性」を下げてしまうといったケースだ。

　こうした目標の不一致を解消するため、各部門の責任者同士で定期的（毎月1回程度）に情報共有をしておこう。全体最適としてのシステムのあるべき姿や、その実現に向けた目標値を継続的に見直す必要がある。

5-3　開発プロセスを進める際のポイント

コードデプロイプロセス導入で
開発過程をとことん自動化

5-2 では「システム」と「体制や組織」の観点から、アジャイル開発と DevOps の導入・活用に必要なポイントを紹介した。5-3 では「プロセス」の観点から導入の勘所を探る。実際に開発に入った際、どのようなプロセスで作業を進めるべきかを整理しておこう。

プロセスのポイント〔1〕：コードデプロイプロセスの実現

開発環境や一部の本番環境で、コードコミット（コードの変更点を確定させること）の自動化やテスト自動化を実現している企業は多い。だがエンタープライズシステムにおいて、コードコミットから本番環境までのプロセス全体を自動化できている例はまだ少ない。

アジャイル開発・DevOps において自動化は、スピードとアジリティーを実現する重要な要素だ。しかし、ソフトウエア開発の各工程の担当者が個別に自動化を進めると、「自動化範囲の重複」「セキュリティー試験など必要なテストの欠落」「リリースの受け入れ基準の不明確化」といった問題が起こりかねない。

こうした事態を避けるには、ソフトウエア開発の全体プロセスと自動化を一貫して整備する必要がある。そのためにアジャイル開発・DevOps で一般的に使われているのが、「コードデプロイプロセス」だ（**図表 5-4**）。コードデプロイプロセスとは、ソフトウエアを開発（コーディング）し始めてからユーザーに提供するまでの一連のプ

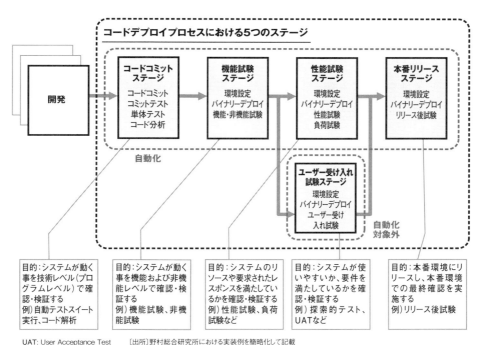

UAT: User Acceptance Test 〔出所〕野村総合研究所における実装例を簡略化して記載

図表5-4 基本的なコードデプロイプロセス

ロセスを5つのステージに分け、自動化したものである。コードデプロイプロセスではコミットやテスト作業だけでなくプロセスまで自動化することで、高速かつ高品質な開発を目指す。

●コードデプロイプロセスにおける5つのステージ
・コードコミットステージ：単体テストとコード解析を自動化することで、技術レベルでの検証を行う。
・機能試験ステージ：機能および非機能レベルの検証を行う。

・ユーザー受け入れ試験ステージ：実際の業務の確認だけでな
く、魅力品質（使いやすさ）などのユーザー価値の検証を行う。
・性能試験ステージ：性能面での検証を行う。
・本番リリースステージ：ユーザー環境へのリリースを実施し、
最終確認を行う。

プロセスのポイント〔2〕：コードデプロイプロセスを支える3つの要素

コードデプロイプロセスの実現には、以下の3つの要素が重要となる。

①構成管理（Configuration Management：CM）
②継続的インテグレーション（Continuous Integration：CI）
③継続的デリバリー（Continuous Delivery：CD）

上記の3つの要素CM、CI、CDとコードデプロイプロセスの関
係を表したものが**図表5-5**だ。近年はAWSやGCP、Microsoft
Azure（以下、Azure）など各種クラウドサービスでCM、CI、CDツー
ルが提供されている。チュートリアルも用意されているので、試し
に使ってみるとよいだろう。もしくは既にCM、CI、CDを導入し
ている他のプロジェクトが利用中のツールや実践ノウハウを共有し
てもらうのも有効だ。上記3つの要素について、もう少し詳しく見
ていこう。

①構成管理（Configuration Management：CM）

構成管理（CM）とは、各種の設定情報やプロジェクトの内外を
含めた環境などを管理すること。さまざまな環境を可能な限り把握・
管理することで再現性が高まり、いつでも誰でも必要な環境を使っ

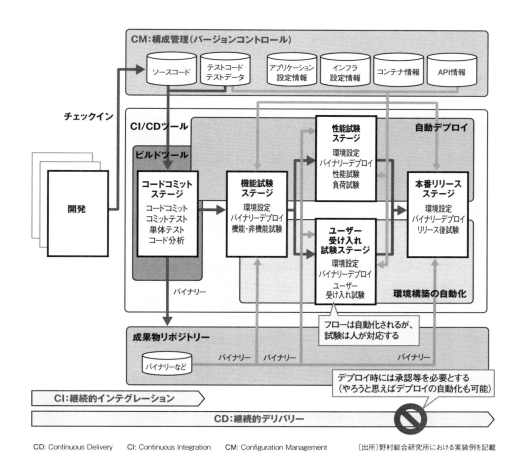

CD: Continuous Delivery　　CI: Continuous Integration　　CM: Configuration Management　　〔出所〕野村総合研究所における実装例を記載

図表5-5　基本的なコードデプロイプロセスを支える3つの要素

　たデプロイ（開発したソフトウエアをサーバーなどに展開して利用
可能な状態にすること）が可能となる。再現性が高いということは、
本番と同じ環境を準備することも可能だ。つまり「開発環境や検証

環境ではうまくいったものの、本番環境のリリース時に失敗する」
といった状態を回避できる。利用環境の数が多くなりがちなエン
タープライズシステムでは、特に重要な要素である。

　なお、ここでいう「環境」は、OS やアプリケーションの設定だけ
ではない。パッチの適用状態や、ネットワークトポロジーなどイン
フラに関する情報、外部サービスのバージョンおよび設計書なども
含む。管理するアプリケーション数やそれを組み合わせた環境数が
多いほど、構成管理がリリース時の品質を左右する。規模の大きい
システムでは、なるべくしっかりした構成管理体制を用意しておき
たい。管理対象および利用ツールの例は**図表 5-6** の通りである。

②継続的インテグレーション（Continuous Integration：CI）

　継続的インテグレーション（CI）とは、プログラムのコミットか

管理対象	クラウドベンダー提供	OSS、サードパーティなどが提供
ソースコード	● AWS CodeCommit（AWS） ● Cloud Source Repositories（GCP） ● Azure Repos（Azure）	● GitHub ● Subversion ● Mercurial
アプリケーション 設定情報	● AWS AppConfig（AWS） ● Azure App Configuration（Azure）	－
インフラ 設定情報	● AWS CloudFormation（AWS） ● Google Cloud Deployment Manager（GCP） ● Azure Resource Manager（Azure）	● Terraform ● Ansible ● Chef
コンテナ情報	● Amazon Elastic Container Registry（AWS） ● Container Registry（GCP） ● Azure Container Registry（Azure）	● Docker Hub ● GitLab Container Registry ● JFrog Container Registry
API 情報	● Amazon API Gateway（AWS） ● Google Cloud API（GCP） ● Azure API Management（Azure）	● Kong ● Apigee ※ ● CA API Management

AWS: Amazon Web Services　　**Azure:** Microsoft Azure　　GCP: Google Cloud Platform

図表5-6　構成管理と利用ツール例　（※Apigeeは2016年にGoogleに買収されている）

らデプロイ、単体テストまでを自動化すること。自動化により、デプロイ負荷を大幅に下げられる。CIを実現する際は、前述の「①構成管理（CM）」が整備されているのが望ましい。CMがなければ環境を手動で構築しなければならず、時間がかかるうえにソフトウエアの品質も低下しがちだ。

　エンタープライズシステムでは規模が大きくなるため、ボトルネックの把握が難しくなる。例えば品質に問題があった箇所や、リリースまでのどこで時間を要したのかなどだ。そのためCI/CDにおいては、自動化と同様に状況の可視化が重要となる（可視化については後述）。

　CIにおける自動化には2つのポイントがある。1つ目は、テスト自動化を実施する割合である。テスト自動化する割合は高いほうがよいものの、100%まで近付けるには大変な時間とコストがかかる。せっかくCIを採用したのに、結局は開発からリリースまでの時間が伸びてしまいかねない。

　そのため、最初は重要かつ利用頻度の高いテストケースに絞ってソフトウエアを構築する（動く状態まで持っていく）とよい。その後は品質管理担当の主導の下、テスト自動化の割合をスプリントの中で段階的に向上させていく。最終的には80%を目標にして、テスト自動化を継続的に改善していく。

　2つ目は、コード解析の活用である。コード解析では、コーディング規約のチェックや、フロー解析、サイクロマチック複雑度（プログラムの複雑度を測る指標）、結合度といったKPIを測定し、コードの状態を可視化する。KPIが設定できれば改善策を立てやすくなる。品質管理担当はPOと共に上記のKPIを参考にしながら、品質向上に関わるバックログ（今後こなす予定のタスク）の優先順位

を議論する。

　なお、セキュリティーチャンピオンも同様に、SAST、DAST、IAST などのセキュリティーテストの自動化を CI/CD を実施するコードデプロイプロセスの中に組み込むとよい。コードデプロイプロセスの過程でセキュリティーリスクが検出される。その後はスプリントを繰り返しつつ、セキュリティーリスクの低減に向けてソフトウエアを改善していく。

③継続的デリバリー（Continuous Delivery：CD）

　継続的デリバリー（CD）は、CI の自動化範囲をさらに拡大したもの。コードの変更が自動的にビルドされ、テストや運用環境へのリリースに向けた準備も自動的に済んでしまう状態を目指す。ビルドとは人間が理解できる形のソースコードを、コンピューターが理解できる形に変換（コンパイル）したり、コードを含む複数のファイル同士をリンクして実行可能な状態にまとめたりすることだ。

　簡単にいえば、CD では従来「インフラを構築し、その上でアプリケーションを構築。その後で単体テスト、結合テスト、システムテストやユーザーテストを経て……」と人手でこなしていた作業の

提供サービス元（提供形態）	CI/CD ツール名
AWS（クラウド）	● AWS CodeBuild ● AWS CodeDeploy ● AWS CodePipeline
GCP（クラウド）	● Cloud Build
Azure（クラウド）	● Azure Pipelines
オープンソース（オンプレミス）	● Jenkins
CircleCI（クラウド）	● CircleCI

図表5-7　CI/CDのツール例

大部分を、クリック1つで実現できる姿を目指す。ただし、図表5-4、図表5-5にある「ユーザー受け入れ試験ステージ」は、自動化の対象外のため人間が作業する。

　「機能試験ステージ」では、機能および非機能テストを行う。また、「機能試験ステージ」や「性能試験ステージ」は、開発者だけでなくテスターやユーザーを巻き込んだテスト駆動型開発を前提に計画すべきである。開発者よりもテスターやユーザーのほうがユーザーシナリオ上の欠陥を見つける可能性がはるかに高く、実態に近い適切なテストシナリオを作成できるためだ。

　また、テスターやユーザーと密接に協力し合ってテストシナリオを作るにつれ、開発者たちも自然とユーザーに必要とされている機能（ビジネス価値）の改善に集中する。チームにとって副次的にも良い作用が期待できる。

　なお、CI/CDにはクラウドベンダーなどが提供するツールを利用できる。主なツールを図表5-7に挙げた。

常により良い方法を探すのがアジャイルの思想

　以上がエンタープライズシステムにアジャイル開発・DevOpsを適用する際、ぜひ実行してもらいたいことである。とはいえ実際に導入を始めると、システムの規模、企業の風土に馴染みにくいこともあるだろう。そんなときに思い出したいのは、アジャイルソフトウエア開発宣言にある「よりよい開発方法を見つけだそうとしている」という思想だ。

　アジャイル開発やDevOpsを導入する際、きっちり型にはまった手順を守る必要はない。基本的な思想を理解した上で、自社に必要

なものを取捨選択・カスタマイズし続けることは、変化の多いこの
時代にむしろ必須と言えるだろう。

　実際、筆者が見聞きしたアジャイル開発・DevOps の成功事例は、
いずれも2つの手法の有効性を信じて、企業が一定期間の実践と改
善に取り組んできた結果である。業務に影響の少ない PoC などに
とどまらず、ビジネスに直結する重要な案件にも新手法を取り入れ、
結果が出るまで改善し続けるという長期的視点に立った取り組みが
必要だ。

第6章

ゼロトラストセキュリティー

6-1　今、ゼロトラストが必要な理由

境界防御はもう限界
全てを疑う対策が必要なわけ

　第1章でも触れたように、企業がDX（Digital Transformation）を進める際には、情報システムの共通基盤が重要な役割を果たす。そもそも基盤が整っていなければ、アプリケーションの迅速な開発や、システムの安定運用が難しいためだ。

　近年のワークスタイル多様化などに伴い、特に重要性を増しているのがセキュリティー基盤だ。労働生産性の向上などさまざまな観点から、場所や時間に縛られない働き方が求められつつある。あらゆるビジネスの現場にデジタル化の波が押し寄せるDX時代には、この傾向はますます強まるだろう。こうした変化に伴い、セキュリティー対策にも変化が必要になってきた。従来のように、「単純にネットワークを社外と社内に分け、後者を守る」といった対策では脅威に対応しきれない。

クラウドとリモートワークの台頭で境界防御が限界に

　そこで注目を集めているのが「ゼロトラストセキュリティー」または「ゼロトラストネットワーク」と呼ばれるコンセプトである。名前の通り、「何も信用せず、すべての通信を疑う」考え方だ。第6章では、このゼロトラストセキュリティー（以下、ゼロトラスト）の特徴や導入手法を解説する。

　なぜ今ゼロトラストが求められているのかは、企業のネットワーク構成の歴史的な変遷を見ると分かりやすい。インターネットが普及する前、企業の情報システムのネットワークといえば「閉域網で拠点間を接続したもの」が一般的だった（**図表6-1**の左）。社内ネットワークは外部ネットワークと完全に切り離され、データの授受などの通信は社内だけで完結していた。

　1990年代以降に業務でのインターネット利用が進むと、インターネットと社内ネットワーク（閉域網）をデータセンターに集約する形で接続したハブ・アンド・スポーク型のアーキテクチャーが主流となった。今でも多くの企業ネットワークがこの構成を取っている。インターネットとの接続口をデータセンターに集約し、その接続口にセキュリティー対策を施すモデルである（図表6-1の中央）。守る

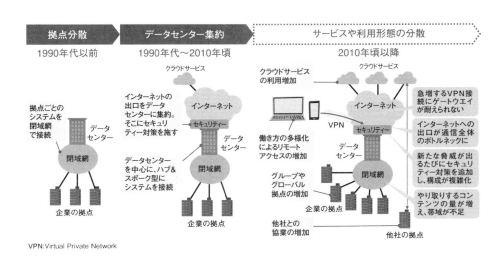

図表6-1　データセンターを中心としたネットワーク構成の変化とその課題

べき箇所が明確なため、そこに集中的にセキュリティーソリューションを配置して効率よく防御できる点がメリットだ。

このように「社内ネットワークは安全、社外ネットワークは危険」という考え方を基本に、データなどの情報資産は企業ネットワーク内のデータセンターに配置し、ファイアウオールなどのセキュリティー機器でインターネットとの境を守るモデルを「境界防御」と呼ぶ。

やがて2010年代以降になると、社内ネットワークと社外ネットワークを厳密に区切るのが難しくなってきた。大きな変化としては、企業の情報システムにおけるクラウドサービス（以降、クラウド）利用の増加が挙げられる（図6-1の右）。

クラウド導入が進むと、社外のパートナー企業とも情報を随時共有して協業を進めるケースが増えてきた。高機能なモバイル端末の普及や、生産性向上などを目的とした企業の働き方改革を背景に、リモートアクセスを活用して場所にとらわれずに働く人も増加中だ。

こうなると守るべきデータは社内ネットワークだけでなく、外部にも分散していく。インターネットに接続するモバイル端末、パートナー企業などの出先で使うノートパソコン、クラウド上のサーバーなどさまざまな場所を防御しなければならない。

データセンター集約するとネットワークが渋滞

「インターネット向けの通信も、必ず社内ネットワークとデータセンターを経由するように設計すればある程度はセキュリティーが保たれるのでは？」と考える人もいるかもしれない。しかし、近年はただでさえ企業ネットワークでやり取りするコンテンツの量が増

えているため、データセンターからインターネットへの出口が通信
のボトルネックになりがちだ。

　例えば、米 Microsoft（マイクロソフト）の「Microsoft 365」を
導入した企業でセッション数が著しく増加し、自社データセンター
に配置したプロキシーが負荷に耐えられなくなるケースがある。オ
ンプレミス環境で稼働していた社内システムがクラウドに移行した
ことで、プロキシー経由の通信が増えるためだ。Microsoft 365 の
通信に対して、既存プロキシーをバイパス（迂回）させるなどの対
応を迫られることも多い。

　また、昨今は新型コロナウイルス感染症防止のため、多くの企業
がリモートワークを導入し始めた。自宅などからインターネット
VPN（Virtual Private Network）経由で社内ネットワークへ接続
する社員が増えた結果、VPN ゲートウエイの同時接続セッション
数が足りず、社内リソースにアクセスできないといったトラブルを
よく聞く。つまり、今日ではデータセンターからインターネットへ
の出口にトラフィックが集中し過ぎないようなセキュリティー対策
が求められる。

　このほか、データセンター内でインターネットとの境界に設置し
たセキュリティー対策の複雑化も課題である。新たな脅威が発生す
るたびに新しいセキュリティー製品を導入していると、管理が煩雑
になってしまう。

　以上から明らかなように、「社内ネットワークと社外ネットワー
クを分けて境界防御する」のは年ごとに困難かつ時代遅れになって
きた。そのためネットワーク単位ではなく、ユーザーやデバイスか
らのアクセス単位で安全性を確認するゼロトラストの考え方が注目
されているのだ。

Googleの「BeyondCorp」から注目を浴びる

　ゼロトラストはあくまでもコンセプトであって、厳密な定義は存在せず、特定の製品や技術を指すものでもない。実はその始まりはそう新しくはなく、10 年ほど前にまで遡る。ゼロトラストの実態に対する理解を深めるため、今日までの変遷を押さえておこう（**図表6-2**）。

　ゼロトラストのコンセプトは、2010 年に米国の調査会社Forrester Research（フォレスターリサーチ）のアナリストだったJohn Kindervag（ジョン・キンダーバグ）氏が提唱したのが始まりと言われる。キンダーバグ氏はこの初期モデルで、従来の境界防御から「誰も（ユーザー）、どこも（ネットワーク）、何も（デバイス）信頼せず、アクセスごとに必ず安全性を確認する」という考え方へのパラダイムシフトを提示した。

　セキュリティー対策を施すに当たっては「ネットワークの内部と外部を区別しない」「ネットワークのロケーションにかかわらず、リソースに対する安全なアクセスを実現する」「与えるアクセス権限は厳密に必要最小限にして、それに基づくアクセス管理を徹底する」「すべての通信ログを監視する」といった原則を掲げている。

　以上のようなゼロトラストのコンセプトを導入すれば情報システムはより安全になるが、機器にかかる負荷やコストは増大し、設計や運用も複雑になる。そのため 2010 年当初にはゼロトラストはさほど現実視されず、ゼロトラストを前面に出した製品やサービスも主流にはならなかった。

　一方、同時期に自社がサイバー攻撃を受けたのをきっかけに、ゼロトラストに真剣に取り組み始めた企業もあった。米 Google（グー

図表6-2　ゼロトラストセキュリティーモデルの変遷

グル）である。同社は2010年頃に深刻なサイバー攻撃の被害を受け、従来の境界防御の限界を知ってゼロトラストの研究へと踏み出すことになった。

　その後しばらくは概念だけが先行していたゼロトラストの世界に、Googleが「BeyondCorp」と呼ばれる大規模な実装例を公開したのが2014年のことである。このBeyondCorpの発表をきっかけとして、次第にゼロトラストの考え方が注目されるようになった。

　GoogleはBeyondCorpの中で、「ユーザーID管理と2要素認証」「デバイスの健康状態管理」「アクセス制御エンジンと認可プロキシー」という3つの手法を融合させ、すべての社内向けWebアプリケーションにインターネット経由で直接アクセスできる環境を構築した。所在地やネットワーク環境にかかわらず安全な接続を実現するため、「アクセスするユーザー」と「利用するデバイス」の2つを対象にセキュリティー管理を実施する。さらに、システムへの全

アクセスは認証・認可、暗号化される仕組みだ。同社は 2010 年から 2017 年に 8 年の歳月をかけてゼロトラストのシステムを開発し、移行まで完了している。

　さらに 2017 年には、米 Gartner（ガートナー）がゼロトラストセキュリティーモデルを発展させたとする「CARTA フレームワーク」を発表した。CARTA は Continuous Adaptive Risk and Trust Assessment の略で、「継続的かつ動的なリスクや信頼の評価」を意味する。これは「常に何も信じない（ゼロトラストな）わけではなく、信頼性の高・低によって、情報システムへの接続に必要な手順を変える」といった考え方だ。ゼロトラストを実施しつつ、ユーザーの利便性を考慮したコンセプトと言える。

　CARTA では「ユーザーの行動」「接続環境」などさまざまな要素を基に、アクセスの信頼性を評価する。評価のサイクルは継続的に実施し続け、評価結果は動的に変化するのが前提だ。例えば「信頼性が高いと評価したアクセスはパスワードなしで許可する」「高リスクと評価したアクセスにはワンタイムパスワードを追加し、2 段階認証を求める」と、アクセスごとの信頼性評価に基づいてパスワードの扱いを変えるなどの仕組みを想定している。

　こうして次第にゼロトラストが脚光を浴び始めた 2018 年、Forrester Research は 2010 年に発表したゼロトラストの考え方を発展させた「ZTX（Zero Trust eXtended）フレームワーク」を提唱した。このフレームワークではゼロトラストを「1 つの製品を導入して済むものではなく、相互に関係する 7 領域のセキュリティー製品やソリューションを組み合わせて実装するもの」としている（**図表 6-3**）。

　「ZTX フレームワーク」の考え方を、もう少し詳しく見てみよう。

領域	ゼロトラストの考え方
Data	守るべき資産。 社内だけでなく、どこにでもある
People	① ユーザー認証やアプリへのアクセス認可の強化。 セキュリティーの境界は、ネットワークから ID に移行 している
Workloads	
Networks	② インターネット中心の接続環境。 インターネットセキュリティー強化や脱 VPN の推進
Devices	③ 安全なモバイルデバイス活用。 ポリシー適用と常時監視の実施
Visibility and analytics	④ ログの取得・分析と可視化。 「検知」「対策」「復旧」の強化
Automation and orchestration	製品・サービスに組み込まれる機能。 認証のためのスコアリングや脅威分析に基づく防御 の自動化

図表6-3　ゼロトラストセキュリティーで考慮すべき7つの領域（米Forrester ResearchのZTX
フレームワークを基に野村総合研究所が作成）

今日では、ユーザー（図表6-3の「People」）が物理的な場所や時間にとらわれず働くというワークスタイルが増えてきた。そのため、企業の資産であるデータ（同「Data」）は社内・社外を問わずさまざまなネットワークを流れ、オンプレミスやクラウドなど多様なインフラ上で動作するサービス（同「Workloads」）で利用される。データやその処理結果を保存するデバイス（同「Devices」）も、デスクトップパソコンだけでなく持ち歩き前提のノートパソコン、スマートフォン、タブレットなど多岐にわたる。このように各所に分散したデータを守るには、ログの取得などによる可視化（同「Visibility and analytics」）と、サービスの自動化（同「Automation and orchestration」）が重要となる。

　以上のようなコンセプトやフレームワークを総合して考えると、

企業がゼロトラスト導入を検討する際のポイントが見えてくる。次の 6-2 では、そのポイントを解説していこう。

6-2　ソリューションの全容と選定の勘所

ゼロトラストを導入するには？
製品選びで検討すべき4項目

　6-1で紹介したようにゼロトラストセキュリティー（以降、ゼロトラスト）はあくまでもコンセプトであって、厳密な定義は存在しない。「実態が分かりにくい」「何を基準に製品やソリューションを検討すればいいか分からない」と感じる人も多いだろう。

　そこで6-2では、実際に企業の情報システムにゼロトラストを組み込む際に、製品やソリューションを選ぶポイントを見ていく。ゼロトラストは広範囲の技術要素を含む概念だが、6-1の図表6-3で紹介したようなコンセプトやフレームワークを総合して考えると、大きく4項目にポイントを整理できる。

　ゼロトラストの製品やソリューションを導入する際に検討すべき点を〔1〕〜〔4〕にまとめた。

〔1〕ユーザー認証とアプリケーションのアクセス認可
ユーザーを特定し、必要なデータ（リソース）にアクセスするために必要最小限の権限を付与する必要がある。これを「最小権限の原則」と呼ぶ。

〔2〕インターネット中心の接続環境
閉域網中心のネットワークを前提としたセキュリティー設計を見直し、インターネット中心の接続環境を想定した対策をする。

〔3〕安全なモバイルデバイス活用

モバイルデバイスは社内ネットワークで自社向けのアプリケーションを利用するだけでなく、他社とのコミュニケーションやインターネットでの情報収集などを目的に外部ネットワークに接続するため、脅威にさらされやすい。モバイルデバイスが脅威の侵入口となるのを避けるため、端末ごとに単体でセキュリティー対策を施す。

〔4〕ログの取得・分析と可視化

近年はサイバー攻撃の手口が複雑化・高度化している。対抗するには各領域でログを取得して、複数領域の痕跡を相関分析し、システム全体で起こっている事象を可視化する必要がある。

　具体的なイメージをつかみやすくするため、これらを企業の情報システムに組み込んだ際のシステムの構成図を見てみよう。上で挙げた〔1〕〜〔4〕の項目が、**図表6-4**の〔1〕〜〔4〕に相当する。

　ネットワーク環境はインターネット接続を前提とし、クラウド事業者が提供するセキュリティー関連サービスを活用する。例えばユーザー認証とアプリケーションのアクセス認可には、クラウド上のIDaaS（Identity as a Service）を利用する（図表6-4の「〔1〕認証・認可」）。オンプレミスのシステムにインターネット経由でリモートアクセスする際は「SDP」（Software Defined Perimeter）を用い、プロキシーにはクラウドサービスとして提供される「SWG」（Secure Web Gateway）を導入する。こうしたクラウドサービスの統制と可視化は、「CASB」（Cloud Access Security Broker）が担う（同「〔2〕ネットワーク」）。

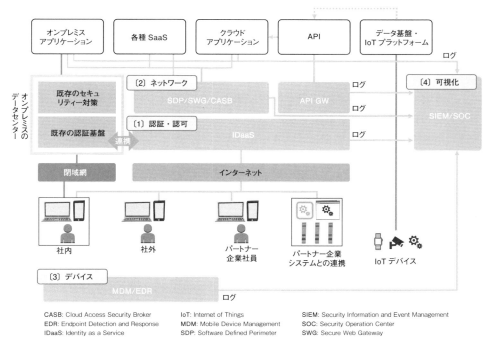

CASB: Cloud Access Security Broker　　IoT: Internet of Things　　SIEM: Security Information and Event Management
EDR: Endpoint Detection and Response　MDM: Mobile Device Management　SOC: Security Operation Center
IDaaS: Identity as a Service　　　　　SDP: Software Defined Perimeter　SWG: Secure Web Gateway

図表6-4　ゼロトラストを企業システムに組み込んだ際の構成図

　モバイルデバイスのセキュリティー対策としては、ポリシー管理のために MDM（Mobile Device Management）を、振る舞い検知による未知の脅威向けに EDR（Endpoint Detection and Response）を利用する（同「〔3〕デバイス」）。ログの収集と分析は SIEM（Security Information and Event Management）で実現する（同「〔4〕可視化」）。

　ここからは図表6-4を踏まえ、〔1〕～〔4〕の実現手法を詳しく解説する。

〔1〕ユーザー認証とアプリケーションのアクセス認可

　ゼロトラストの原則は、「決して信頼するな。必ず確認せよ」である。従来、一般的だった境界防御のセキュリティー対策では、一度認証が済んで社内ネットワークにアクセスを認められた端末は、その後もアクセスを継続できた。こうした対策では、さまざまな場所からさまざまな時間にユーザーがリモートアクセスしてくる環境には適応できない。また、近年増えつつある手の込んだ標的型攻撃などにも対抗が難しい。そのため、ユーザー認証とアプリケーションのアクセス認可の仕組みを大幅に見直し、アクセス単位で毎回安全性を確認するゼロトラストのような仕組みが求められつつある。

　ゼロトラストを実現するためのユーザー認証とアプリケーションのアクセス認可の仕組みとしては、以下の3つがある。

　①オンプレミス、クラウド間でのシングルサインオン
　②ユーザーやデバイスを取り巻く状況に応じたアクセス制御
　③他社サービスと連携する際のAPI認可

　①〜③をもう少し具体的に見ていこう。

①オンプレミス、クラウド間でのシングルサインオン
　ゼロトラストを実現するには、社内ネットワーク経由かインターネット経由か、オンプレミスかクラウドかにかかわらず、適切なユーザーが適切な権限で、適切なリソースにアクセスできなくてはならない。アプリケーションや権限の種類が多く、管理が複雑化する可能性を考慮すると、アクセス先に応じてIDやパスワードを変える

のは現実的でない。ユーザビリティーの観点から、オンプレミスもクラウドも同じID・パスワードでアクセスできるシングルサインオンの導入が望ましい。

　オンプレミス環境が一般的だった時代は、Active Directory やLDAP（Lightweight Directory Access Protocol）などのディレクトリーサービスを用いて、企業ネットワーク内で「ドメイン」と呼ばれる閉じた範囲でのシングルサインオンを実現していた。こうした既存のディレクトリーサービスだけでは、クラウド上のサービスにはシングルサインオンできない。とはいえクラウドサービスごとに異なるID・パスワードを使うと、ID・パスワードの数がどんどん増えてユーザビリティーが損なわれ、運用管理も複雑化する。

　オンプレミスもクラウドもまとめてシングルサインオンにするには、フェデレーション方式と呼ばれる複数サービス間での認証連携の仕組みが必要だ。フェデレーション方式ではSAML（Security Assertion Markup Language）やOpenID Connect といった標準プロトコルを利用して、別々のサービス上に位置する異なるドメイン間でもシングルサインオンを実現する。このとき、IDやパスワードの情報を複数のサービス間で直接やり取りすることはなく、抽象化された安全な認証情報のみを交換する点がポイントだ。

　現在、さまざまなクラウド事業者がIDaaSと呼ばれるID・パスワードとアクセス権限管理のサービスを提供している。ほとんどのIDaaS はフェデレーション方式を採用し、オンプレミスとクラウドの両方を対象にしたシングルサインオンをサービスの中心に据えている。

　IDaaS などを使ったシングルサインオンの導入を検討する際は、まず自社のオンプレミスのディレクトリーサービスと連携が可能か

確認しよう。シングルサインオンに対応済みのクラウドサービスの数や種類が十分か、非対応なサービスをシングルサインオンと連携させる場合に取り得る手法にはどんなものがあるかも調べておきたい。さらに、もしクラウドインフラ上に自社が一からアプリケーションを構築した場合、シングルサインオンを組み込めるかどうかもチェックすべきだ。

②ユーザーやデバイスを取り巻く状況に応じたアクセス制御

　ID・パスワードは現在最も一般的な認証方式だが、何らかの形でパスワードが漏洩した瞬間に無防備になるのが弱点だ。対策としては、多要素認証を追加するのが有効である。

　とはいえセキュリティー強化のために多要素認証を必須にすると、ユーザビリティーが犠牲になる。アクセスごとにメールでワンタイムパスワードを受け取ったり、スマートフォンで専用アプリケーションを開いてワンタイムパスワードを確認したりといった手間がかかるのだ。ゼロトラストを導入すると従来よりも頻繁に認証・認可を実施する必要があるため、もう少しユーザビリティーに配慮した手法が望ましい。

　なるべく認証の手間を省きつつセキュリティーレベルを維持するには、「条件付きアクセス」や「コンテキストベース認証」、または「リスクベース認証」と呼ばれる機能を備えた製品やソリューションを検討する手がある。

　ユーザーのID・パスワード以外に、アクセス元の端末の状態、ネットワークの種類、アクセス先のアプリケーションで扱うデータの機密性などを確認し、リスクを判定する。リスクが高いと判断したらアクセスを禁止したり、追加のワンタイムパスワードを要求したり

する仕組みだ。

　理解を深めるため、こうしたアクセス制御でどのような属性を精査しているのか、もう少し具体的に知っておきたい。米国国立標準技術研究所（NIST）がまとめた「Guide to Attribute Based Access Control（ABAC）Definition and Considerations（NIST SP800-162)」などが参考になる。ABAC（Attribute Based Access Control）とは、「属性ベースのアクセスコントロール」の意味である。

　NISTによると、ABACではSubject属性（アクセス元のユーザーや機器の属性）、環境属性（利用する端末、時間、場所などの属性）、Object属性（アクセス先のリソースの属性）という3種類の属性を組み合わせてリスクの高低を判断し、アクセス権限を付与するかどうか決める（次ページの**図表 6-5**)。ID・パスワードによるアクセス制御ではユーザーが所属する部署や職種だけを基に付与する権限を決めるが、ABACではより幅広い情報を基に、場所やデバイスの情報も含めて現実に即した制御が可能だ。

　ABACでは上図に挙げた「所属」「時間」など多数の属性について、どれをどの程度危険視すべきかあらかじめ重みづけしている。条件付きアクセスやコンテキストベース認証では、ABACの属性によるリスク判断を動的に行う。アクセスごとにリスクの高低を判断する際は、各属性の重みづけを考慮してアクセス全体のリスクをスコアとして求める。このスコアがしきい値を下回ったら、ユーザーにワンタイムパスワードなど追加の認証を要求するといった仕組みだ。

　この一連の流れは、金融機関などが提供する信用スコアのようなものだと考えれば分かりやすい。信用スコアでは、返済期限を守って行動していれば次第に信用度が上がり、借り入れの利率が下がったり、融資金額の枠が増えたりする。最近では金融行動以外に、

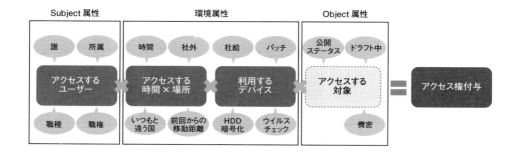

図表6-5　ユーザー属性だけでなく、デバイスの状況や場所・時間も考慮したアクセス制御

SNS上の交友関係やインターネットショッピングの購買動向なども
評価軸に入れてスコアを算出しているサービスもあり、機械学習の
適用も進んでいる。

　条件付きアクセスやコンテキストベース認証のアクセス制御でも、
「最新のソフトウエアパッチが適用されていないデバイスのスコアは
減点」「繰り返し認証に失敗しているユーザーのスコアは減点」と
いった具合に、動的にスコアを算出する。スコアが低く、リスクが
高いと判断したらワンタイムパスワードなど追加の認証を要求す
る。反対にスコアが高く低リスクと見なせば、パスワードなしでア
クセスを許可するといった運用も可能だ。ちなみに、条件付きアク
セスやコンテキストベース認証のスコア算出にも機械学習が利用さ
れている。ゼロトラスト関連の製品やソリューションでは、今後ま
すます機械学習の適用が広まっていくだろう。

　こうした動的なリスク判断とアクセス制御は、従来は二律背反の
関係にあったセキュリティー強化とユーザビリティーを両立できる
ため、可能ならぜひ採用したい。ただし、現状ではこの種の機能を

提供するベンダーがまだまだ少ない点が課題だ。実装・提供済みの
ソリューションでも、標準機能ではなくオプション機能扱いとなっ
ているものが多い。

③他社サービスと連携する際のAPI認可

　場所・時間にとらわれない働き方を推進していくと、他社との協
業や、他社システムとの連携の機会も増えていく。自社サービスの
機能やデータを、API（Application Programming Interface）経由
で他社に提供するケースも出てくるだろう。このように API を介
した企業間のシステム連携をスムーズに、かつ安全に実現するため
には「API 認可」の仕組みが重要だ。

　API 認可を理解するために、まず「認可とは何か」を確認して
おきたい。一言で説明すると「誰が誰に何の権限を与えるか」を決
める仕組みが認可である。

　他社システムとの連携のケースを当てはめてみると、認証の必要
な自社サービス A の API をパートナー企業に提供し、パートナー
企業のアプリケーション B に活用してもらう形などが考えられる。
利用者はまずアプリケーション B にログインして、API 経由でサー
ビス A のデータなどを利用する。認可の定義で言うと、「利用者が
アプリケーション B に API 経由でサービス A のデータを利用する
権限を与えた」形だ（詳細は後述）。

　このとき、API 経由でサービス A を利用するたびに ID・パスワー
ドを入力していたのではユーザビリティーが悪くなる。とはいえ、
ログインを省略するためにアプリケーション B にサービス A の
ID・パスワードを保管するわけにもいかない。パートナー企業に自
社サービスの ID・パスワードの管理を委ねることになり、情報漏

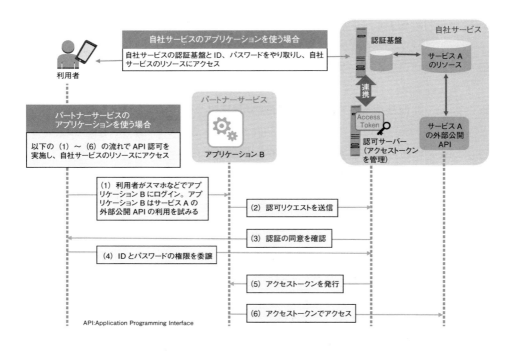

図表6-6　API認可の基本的な考え方と認証フローの概要

洩などのリスクを考えると望ましい運用とは言えないためだ。

　こうした企業間の API 連携におけるセキュリティーと利便性の課題を解消するための仕組みが「API 認可」だ。多くの API 認可は標準プロトコルの OAuth 2.0 によって実現されている。OAuth 2.0 を使った API 認可の実装は企業やサービスによってさまざまなパターンがあるが、おおまかな流れは**図表 6-6** のようになる。

　API 認可では、「認可サーバー」と呼ばれるサーバーに、サービス A の API を利用するのに必要な認証情報（アクセストークン）

の管理を任せておく（図表6-6の右上）。

　利用者が自社サービスのアプリケーションを使う場合は、API認可の仕組みは使わず、自社の認証基盤とID・パスワードをやり取りして自社サービスのリソースにアクセスする（同上）。

　一方、パートナー企業のサービスのアプリケーションBを経由して自社サービスAのリソースを利用するときは、図中の（1）〜（6）の流れをたどってAPI認可を実行する。まず利用者がアプリケーションBにログインする（同（1））。アプリケーションBは、サービスAのAPIを利用するために認可サーバーに認可リクエストを送る。つまり、アクセストークンを要求する（同（2））。

　認可サーバーは利用者に対して、アプリケーションBにアクセストークンを渡してよいか同意を求める（同（3））。このとき、同意するのが利用者本人だということも認証で確かめる。例えばアプリケーションB経由でサービスAのデータを利用する初回は、認可サーバー宛てにサービスAのIDとパスワードを送るなどの手順を踏む（同（4））。

　利用者の認証とAPI利用の同意が済むと、認可サーバーはアクセストークンを発行し、アプリケーションBに渡す（同（5））。アプリケーションBは受け取ったアクセストークンを使ってサービスAのAPIを利用する（同（6））。こうした流れをたどれば、ID・パスワードをアプリケーションBに渡すことなく認可ができる。なお、アクセストークンには有効期限が設定されているのが一般的だ。期限内なら、アプリケーションBは認可サーバーに対するアクセストークンの再発行を依頼しなくても、サービスAのAPIを利用できる。

　ちなみに、最初の方で説明したように認可の定義上は、（1）〜（6）

の流れで「利用者がアプリケーションBにAPI経由でサービスA
のデータを利用する権限を与えた」ことになる。一見、認可を実施
しているのは認可サーバーのようにも思えるが、実際にはサービス
A、アプリケーションBともにログイン時の主体になるのは利用者
だ。そのため、サービスAやアプリケーションBの利用時に作成
されたデータの所有権は利用者に属し、認可をする主体も利用者と
なる。

　こうしたAPI認可は、IDaaSの機能として提供されている。API
GW（API Gateway）と呼ばれるサービス間連携基盤の機能を使う
ケースもある。どちらの場合も、利用者の一意性を確認するための
認証が要るため、企業の既存の認証基盤と連携しなくてはならない。
将来的に他社との協業を積極的に進める予定のある企業は、API
認可の導入を視野に入れて認証基盤の整備をしていく必要がある。

〔2〕インターネット中心の接続環境

　ゼロトラストにおけるネットワーク保護については、大きく2種
類の課題がある。まず、セキュリティーを確保しつつ、ユーザーが
社内・社外のどちらにいてもユーザビリティーに大きな差異を感じ
ずに接続できる環境を実現すること。もう1つは、対インターネッ
トのセキュリティー対策をどこに置いたら効果的か吟味すること
だ。従来、インターネット向けのセキュリティーはデータセンター
に集約している企業が多かった。しかし、現在は守るべき情報資産
が社内ネットワークの外部に分散しつつある。データセンター集中
ではない、別の形の対策が必要だ。「①社外からオンプレミスシス
テムへのアクセス」と「②インターネットを使ったクラウド（SaaS：

Software as a Service)へのアクセス」という2種類の経路に分けて、どんなセキュリティー対策が有効か見ていこう。

①社外からオンプレミスシステムへのアクセス

　社外からオンプレミスのシステムを利用する場合、従来はまずインターネットに接続し、その上でVPNを使って社内ネットワークにアクセスするのが一般的だった。しかし、VPNにはユーザビリティーとセキュリティー、さらに運用の観点で課題がある。

　ユーザビリティーの観点では、オンプレミスとクラウドの併用時にかかる手間が挙げられる。例えばオンプレミスのシステムにはVPN経由で、クラウドのシステムにはインターネットで直接アクセスする構成を取った場合、ユーザーは利用するシステムに応じて、端末側でVPNのオン・オフを切り替えなければならない。接続手順そのものがかなり煩雑になる。

　セキュリティーの観点では、VPNではひとたび認証を済ませて接続を確立した後は、社内ネットワーク全体にアクセスできてしまうという問題がある。悪意ある攻撃者がVPNを通じて侵入すると、社内ネットワーク全体が危険にさらされるのだ。また、VPN接続を利用するには、社内ネットワーク側でインバウンド（外から内向きの通信）のポート開放が必要だ。インバウンドのポートが開いていると、攻撃者に侵入口として悪用されたり、DDoS（Distributed Denial of Service）攻撃を受けたりするといったリスクがある。

　運用の観点では、VPNは一般に接続するユーザーの最大数に合わせて、物理的な機器とライセンスを用意する必要がある。機器やライセンスの調達、環境構築にかかる時間がボトルネックとなって、利用者の急な増加には対応が難しい。昨今は新型コロナウイルス感

染症対策のため、リモートワークに移行する企業が増えている。しかし、急にリモートアクセス数が増えたために同時接続数の上限を超えてしまい、「VPN 渋滞」を起こした企業も多い。

　さらにリモートワークが本格化して業務に必須の基盤となると、VPN にも高可用性が求められる。複数データセンターへの VPN 環境の設置や、ロードバランサーを用いた冗長構成が必要となって、ますます運用が複雑になる。

SDP（Software Defined Perimeter）

　こうした VPN の煩雑さを避ける代替手段となり得るのが、SDP と呼ばれる製品・ソリューション群だ。SDP は「Software Defined Perimeter」の文字通り、ネットワークの「Perimeter（境界）」をソフトウエア的に設ける仕組みのこと。クラウドコンピューティングのセキュリティー確保を目指す業界団体「Cloud Security Alliance（CSA）」が、オープンスタンダードとして SDP のアーキテクチャーを公開している。

　SDP では、クラウド上の SDP コントローラーがアクセス先を一元管理する。ユーザーがオンプレミス、クラウドどちらのシステムに接続を試みても、最初は SDP コントローラーとやり取りして認証を実施する。認証結果に基づいてコントローラーがユーザーに必要最小限のアクセス権限を付与したら、ユーザーは目的のアプリケーションに直接アクセスする（図表 6-7 の右）。つまり VPN と違って、一度の認証で社内ネットワーク全体への接続が許可されることはない。SDP コントローラーがアクセス先を管理するため、ユーザーがクラウドかオンプレミスかの接続先に応じて、VPN のオン・オフを切り替える手間からも解放される。

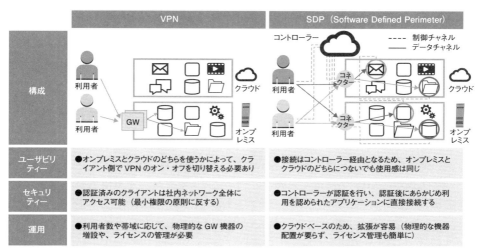

	VPN	SDP（Software Defined Perimeter）
構成	利用者 クラウド 利用者 GW オンプレミス	コントローラー ---- 制御チャネル ── データチャネル 利用者 コネクター クラウド 利用者 コネクター オンプレミス
ユーザビリティー	●オンプレミスとクラウドのどちらを使うかによって、クライアント側でVPNのオン・オフを切り替える必要あり	●接続はコントローラー経由となるため、オンプレミスとクラウドのどちらにつないでも使用感は同じ
セキュリティー	●認証済みのクライアントは社内ネットワーク全体にアクセス可能（最小権限の原則に反する）	●コントローラーが認証を行い、認証後にあらかじめ利用を認められたアプリケーションに直接接続する
運用	●利用者数や帯域に応じて、物理的なGW機器の増設や、ライセンスの管理が必要	●クラウドベースのため、拡張が容易（物理的な機器配置が要らず、ライセンス管理も簡単に）

GW: Gateway　VPN: Virtual Private Network

図表6-7　VPNとSDPの違い

　SDPを導入する際には、オンプレミスのデータセンターやクラウドと、インターネットとの境界に「コネクター」と呼ばれるソフトウエアの導入が必要だ。コネクターはアウトバウンド(内から外向き)の通信のみを行う。VPNのように、インバウンドのポートを開放した故のセキュリティーリスクは生じない。さらに、SDPはクラウド上のサービスであるため、VPNのように機器の物理的な運用管理は必要ない。インフラとしての拡張性や、ライセンスの増加手続きなども容易になる。

　SDPは、クラウドサービスとしてさまざまなベンダーが提供を開始している。既存のVPN基盤に問題を抱えている企業にとっては、一考に値するソリューションと言えるだろう。注意すべきは認証機

能についてだ。SDP 製品そのものが備えているケースもあるが、一般には IDaaS や既存のオンプレミスの認証基盤との連携が必要となる。また、ユーザーが利用するクライアント端末にソフトウエアを導入したり、コントローラーの接続先 URL を指定したりといった展開作業が必要になる点も覚えておこう。

②インターネットを使ったクラウド（SaaS）へのアクセス

　既に述べた通り、クラウド（SaaS）を利用する際にセキュリティーを重視し、VPN を使って企業のデータセンターを経由する構成にすると、データセンターからインターネットへの出口が通信のボトルネックとなってしまう。Microsoft の Microsoft 365 のような SaaS は、VPN やデータセンター内ネットワークを介さず、インターネットから直接利用することを推奨していると考えた方がよいだろう。そもそも、サービス内容が随時、動的に変わる SaaS に追随して、データセンター内のセキュリティー対策を管理・更新していくのは運用負荷が非常に高く現実的でない。

SWG（Secure Web Gateway）

　SaaS に対して企業側で有効なセキュリティー対策を施すにはどうしたらいいのだろう。現実的には「セキュリティー対策もクラウド上で実施する」手が考えられる。SWG と呼ばれるサービスの利用が有効だ。SWG では、従来データセンター内でインターネットとの通信に対して施していたセキュリティー対策を、クラウド上で実行できる。URL フィルタリング、IP アドレスフィルタリング、ウイルス対策、サンドボックス、プロキシーといった機能を提供する。

　クラウドサービスならではのメリットもある。例えば URL フィ

ルタリングや IP アドレスフィルタリングを適切に実施するには、Web サイトや IP アドレスの安全性を評価するための膨大なデータの蓄積と随時更新が必要だ。こうしたデータをオンプレミスで運用するのは非常に煩雑である。一方、クラウドサービスを活用すれば、データの更新や管理などの手間はかからない。

　世界各国にアクセスポイントやデータセンターを展開しているクラウドサービスを選べば、規模の小さい海外拠点はインターネット接続する際、最寄りのデータセンターで運用されている SWG 機能を利用できる。わざわざ日本のデータセンターにあるセキュリティー対策を経由する必要がないため、パフォーマンス面でもメリットがある。以上から分かるように、SWG はデータセンターを中心としたハブ・アンド・スポーク型のネットワーク構成から、インターネット中心のメッシュ型への変化を後押しするセキュリティー対策と言える。

CASB（Cloud Access Security Broker）

　SaaS の利用状況を監視・分析するソリューションとしては、そのほかに CASB がある。主な機能はユーザーの SaaS 利用状況の可視化と制御、セキュリティーポリシーの準拠の監査、データの持ち出しチェックとその防止、脅威の検出分析・防御の 4 種類だ。これらの機能を各 SaaS、ユーザーの単位できめ細かく管理できる。インターネット利用の可視化・制御・マルウエア対策を担う SWG に対し、CASB は SaaS 利用の可視化・統制・機密データ保護を提供する。とはいえ、この 2 つのサービスは近年では融合が進み、境目がなくなりつつある（次ページの**図表 6-8**）。

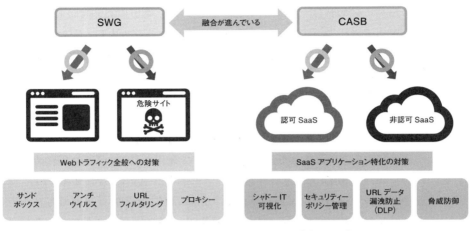

CASB: Cloud Access Security Broker　DLP: Data Loss Prevention　SaaS: Software as a Service　SWG: Secure Web Gateway

図表6-8　SWGとCASBの違い

〔3〕安全なモバイルデバイス活用

　一般にモバイルデバイスは物理的に企業の設備の外で、インターネットにさらされた状態で使うため、必然的に多くの脅威と向き合う。主な脅威としては、以下のようなものが考えられる。

・企業のセキュリティーポリシーに違反した、あるいは私的用途での業務デバイスの利用
・悪意あるリンクのクリックなど、インターネット閲覧中のユーザーの不注意な行動による脅威
・悪意あるアプリケーションや、不適切なコーディングで開発されたアプリケーションの脅威

・紛失、あるいは OS をアップデートせずに利用するといった
　デバイスに関する脅威
・十分な暗号化が施されていない公衆無線 LAN の利用など、
　ネットワーク盗聴の脅威

　これら多種多様な脅威に適切に対応するためには、ハードウエア
とソフトウエア両方に対して、多層防御を取り入れるのがよい。な
るべく漏れなくセキュリティー対策を施すため、ここでは NIST が
提唱するサイバーセキュリティーフレームワーク（Framework for
Improving Critical Infrastructure Cybersecurity）を参考にする。
　NIST のフレームワークでは、セキュリティー対策一般の機能を
「特定」「防御」「検知」「対策」「復旧」の 5 つに分類し、それぞれ
の効果を整理している。近年、サイバー攻撃の手口は極めて高度化・
巧妙化しており、マルウエアの侵入や感染を 100％防ぐのは事実上
不可能だ。そこで、マルウエアの侵入などを防ぐ「防御」だけでなく、
侵入を許してしまった場合に備えて、いち早く「検知」「対策」「復
旧」を行う対策が不可欠となっている。
　モバイルデバイスのセキュリティーソリューションを縦軸に列挙
し、各ソリューションが「特定」「防御」「検知」「対策」「復旧」の
どの機能を持つかを図にまとめた（次ページの**図表6-9**）。企業内
で 5 つをカバーできるように対策を組み合わせれば、モバイルデバ
イスを統合的に防御できる。

EDR（Endpoint Detection and Response）
　「不審な挙動や攻撃の防御」「マルウエア対策」（図表 6-9 の（1）、（2)）
に対しては EDR が有効だ。EDR はデバイス上でマルウエアやラン

デバイスの何を防御するか	製品分野	特定	防御	検知	対策	復旧	
(1) 不審な挙動や攻撃の防御	EDR (Endpoint Detection & Response)			○	△ 未知の脅威への対策	△	連携
(2) マルウエア対策	EPP (Endpoint Protection Platform)		○	△ 既知の脅威への対策	△	△	連携
(3) 情報漏洩対策	エンドポイント DLP (Data Loss Prevention)		○	○			
(4) 端末の特定	デバイス証明書	○					
(5) アプリケーションやコンテンツのポリシー制御	EMM (Enterprise Mobility Management) / MCM/MAM (Mobile Contents/Apps Management)	△	○	△	△		連携
(6) デバイスのポリシー制御	EMM (Enterprise Mobility Management) / MDM (Mobile Device Management)	△	○	△	△		連携
(7) ストレージ保護	ディスク暗号化ツール		○				
(8) 資格情報の保護	TPM (Trusted Platform Module)	○	○				
(9) IT 資産管理	ITAM (IT Asset Management)	○					

（左側：ソフトウェアの対策（(1)〜(4)）、ハードウェアの対策（(5)〜(8)）／右側：SOC (Security Operation Center)）

図表6-9　デバイスの階層的防御を提供するセキュリティーソリューション一覧

サムウエアによる不審な動きがないか常時監視し、さらにログの収集・分析を通じて疑わしい挙動の痕跡を見つける。つまり攻撃を「検知」し、マルウエアなどが本格的な活動を始めて問題が深刻化する前に、「対策」「復旧」するためのセキュリティー対策だ。

EPP（Endpoint Protection Platform）

　「マルウエア対策」（図表6-9の（2））としては EPP も広く使われている。これはあらかじめウイルス（マルウエア）の特徴を登録したデータベース（定義ファイル）を備えたウイルス対策ソフトである。データベースの情報と検査対象のファイルを比較し、パターンマッチング技術を用いてマルウエアを検出する。今日では、亜種も含めると1日に100万種以上のマルウエアが生み出されており、新種の

情報がデータベースに登録される前にデバイスが感染する被害が増えている。つまり EPP は万能ではない。しかし、パターンに合致する既知のマルウエアなら確実に防げる点はメリットだ。

エンドポイントDLP（Data Loss Prevention）

「情報漏洩対策」（図表6-9の（3））には、「エンドポイント DLP」を使う。情報漏洩対策にはアクセス権限の制御が欠かせないが、それだけでは正しい手続きで認証を通過したユーザーによる操作ミスや内部犯行を防げない。そこで、データの扱いに着目した情報漏洩対策として登場したのがエンドポイント DLP だ。エンドポイントDLP ではポリシーに基づき、「重要データを外部に送信する」「USBフラッシュメモリーに複製して持ち出す」といった動作を検知したら、たとえそれが正規の認証を通過したユーザーでもアラートを出したり、操作をキャンセルしたりする。

デバイス証明書

モバイルデバイスに適切なセキュリティー対策を施すには、デバイスの一意性が確認できることが大切である。「端末の特定」（図表6-9の（4））に役立つのが「デバイス証明書」だ。これはデバイスに対して発行する電子証明書で、特定の電子証明書を保持する端末からのみアクセスを許可する「デバイス認証」などに利用できる。

電子証明書は、PKI（Public Key Infrastructure、公開鍵暗号基盤）と呼ばれる世界標準の暗号技術を利用している。PKI では公開鍵と秘密鍵というペアの鍵を使う暗号化を採用している。「片方の鍵で暗号化したデータは、ペアとなっているもう片方の鍵でしか復号できない」のが特徴だ。片方の鍵（公開鍵）をインターネットで公開

しても、もう片方の鍵（秘密鍵）を秘密にしておけば、公開鍵のペアとなっている秘密鍵を持つ相手だけに安全にデータを送れる。

　デバイス証明書による認証機能は、多くの IDaaS から提供されている。ただし、秘密鍵の実態はソフトウエアなため、万が一漏洩や複製が起こった際のリスクが大きい。そこで、秘密鍵をハードウエアと一体化させる TPM（Trusted Platform Module）というセキュリティーチップも登場している（詳細は後述）。

MDM（Mobile Device Management）

　「デバイスのポリシー制御」（図表 6-9 の（6））に利用する製品が MDM だ。業務利用のモバイルデバイスが企業のセキュリティーポリシーに基づいて利用されているかどうか管理する。ロック解除時の暗証番号要求、ディスク暗号化、紛失時のリモートワイプ（遠隔消去）、保管転送データの保護、Jailbreak（脱獄）や root 化されたデバイスの検知機能などを備える。ディスク暗号化などデバイスそのものを保護するだけでなく、ポリシー適用・順守の状況を確認する管理機能も持つことで、情報漏洩のリスクを低減している。

　なお 6-2 の前半で、IDaaS を使ってユーザーの属性だけでなくデバイスの状態、場所や時間の情報を基にユーザー認証とアプリケーションのアクセス制御をする仕組みを紹介した。IDaaS 上のこうした仕組みと MDM を連携させると、デバイスのセキュリティーポリシー順守状況に応じて、サービスの利用可否を細かく制御できる。

MCM/MAM（Mobile Contents/Application Management）

　「アプリケーションやコンテンツのポリシー制御」（図表 6-9 の（5））に利用する製品。モバイルデバイスにインストールした業務アプリ

ケーションやコンテンツを管理する。MDM との違いは、デバイス内
のアプリケーションやコンテンツのデータのみを切り離して管理する
点だ。MDM は会社支給の端末向けだが、MAM や MCM は個人所
有の端末を業務用に使用する BYOD（Bring Your Own Device）向
けに導入されることが多い。なお、MDM、MAM、MCM の機能を
統合し、EMM（Enterprise Mobility Management）として提供し
ている製品もある。

ディスク暗号化ツール

　ディスク暗号化ツールは、モバイルデバイスの盗難や紛失による
情報漏洩を防ぐ「ストレージ保護」（図表 6-9 の（7））対策として有
効だ。フォルダーやデータファイルなど小さな単位ではなく、OS
をインストールした領域やシステムファイル領域も含め、ハードディ
スクを丸ごと暗号化する。

　ディスク暗号化ツールを導入した状態で OS が起動すると、その
後はハードディスクへのデータ書き込み時の暗号化や読み込み時の
復号をシステム側で自動的に処理する。ユーザーは暗号化・復号を
意識する必要はない。

　つまり、OS を起動した状態で外部のハードディスクやクラウド
ストレージ、メールなどに書き出しを実行すれば暗号化されていな
い状態でデータを持ち出すことができてしまう。そのため、ファイ
ルなどデータ単位での情報漏洩対策として、既に紹介したエンドポ
イント DLP や MAM/MCM を別途、導入する必要がある。

　ディスク暗号化ツールでは、暗号化に利用した秘密鍵の管理が非
常に重要だ。TPM と呼ばれるセキュリティーチップ（後述）を導
入すると、秘密鍵をディスクとは別の領域で管理できる。

TPM（Trusted Platform Module）

　TPM は、デバイスに埋め込まれているセキュリティーチップで「資格情報の保護」（図表 6-9 の（8））に役立つ。暗号プロセッサーとも呼ばれ、標準化団体の Trusted Computing Group（TCG）が定義したセキュリティーの仕様に準拠して、信頼できる方式で暗号化の処理を実行する。TPM の利点は、デバイスに組み込まれつつも、OS やアプリケーションを格納したディスクからは独立したハードウエアであることだ。ディスク暗号化ツールの秘密鍵を TPM に保管すれば、「悪意ある攻撃者がディスクのみを入手し、他のデバイスに接続して復号する」といった事態を回避できる。

　セキュリティーチップは、すべてのデバイスが搭載しているわけではない。スマートフォンなら、米 Apple（アップル）の iPhone や Google の Pixel 3 以降のモデルは独自のセキュリティーチップを備えている。TPM のようなセキュリティーチップは、モバイルデバイスの信頼を底上げする重要な要素だ。企業がモバイルデバイスを選定する際には、重視すべき機能と言えるだろう。

ITAM（IT Asset Management）

　モバイルデバイスに限らず、社内で管理する全ての IT 資産のインベントリー（資産情報、棚卸し情報）を一元的に、追跡可能な状態で管理する製品だ。そもそも企業内で利用している IT 資産を漏れなく特定し、その状態を把握していなければ適切なセキュリティー対策が講じられているか判断することが難しい。その意味で、セキュリティー対策全体の前提条件として、こうした「IT 資産管理」（図表 6-9 の（9））製品を導入しておくのが望ましいだろう。モバイルデバイス管理との関係については、ITAM と MDM を連携させ

れば、資産の利用開始直後からユーザー情報なども含めて一意に管理できる。さらに、紛失時にデータ消去など適切な対応を取るところまでスムーズに実行できる。

〔4〕ログの取得・分析と可視化

　近年、サイバー攻撃の手法は高度化の一途をたどっており、侵入を100%防ぐのは難しい。そのため、機器やサービスのログを取り、アクセスしてきたユーザーの行動を監視し、可視化することが欠かせない。集めたログを分析することで、サイバー攻撃の予兆や痕跡を見つけるのだ。

SIEM（Security Information and Event Management）

　ここで重要なのは、1種類のサービス、あるいは機器のログを分析するだけでは巧妙に隠された攻撃の痕跡を見つけられないことだ。SIEMと呼ばれる製品を導入し、複数の領域のログを相関分析する必要がある。セキュリティー機器だけでなく、ユーザーの利用するクライアント端末、プロキシー、DNS（Domain Name System）、認証基盤などさまざまなシステムのログを時系列で追いつつ、総合的に分析して初めて攻撃を検知できる。

　対象のログは大量かつ種類が多岐にわたるため、人手で相関分析するのは至難の業だ。SIEMのような専用ツールを使って、ログの収集から相関分析までをある程度自動化するのが現実的である。SIEMは相関分析だけでなく、中長期的なログ傾向を見たり、監査対応のためにログを保管したりできる点でも優れている。

　一方で、ログ収集のためにディスク容量やネットワーク帯域を圧

迫するという課題も指摘されている。負荷を避けるため収集するログの情報を間引いたり、要約したりするケースもあるが、分析結果の粒度は荒くなってしまう点に留意しておこう。

　なお、SIEM は「検知」「対策」「復旧」に重きを置く点で、先ほど紹介した EDR と共通している。EDR は端末のログを常時監視することに特化しているため、ディスク容量やネットワーク帯域にあまり負荷をかけずに脅威を検知できる。SIEM と EDR は互いに補完しあうことで、包括的な対策になる。

6-3　ゼロトラスト導入検討時の注意点

あるべきゼロトラスト像は
未来のワークスタイルから導く

　6-1、6-2で紹介したゼロトラストセキュリティー（以下、ゼロト
ラスト）の要素を一度に整備するのはハードルが高い。こうしたソ
リューションは利用ユーザー数やデバイス数に応じて課金されるも
のが多く、同時期に複数の要素を稼働させると相応のコストがかか
る。そのため、企業システムにゼロトラストを導入する際は当初か
ら完全なものを目指すのではなく、効果のありそうなところから段
階的にセキュリティー対策を固めていくのが現実的だ。

　図表6-10にゼロトラストの導入検討ステップを5段階でまとめ

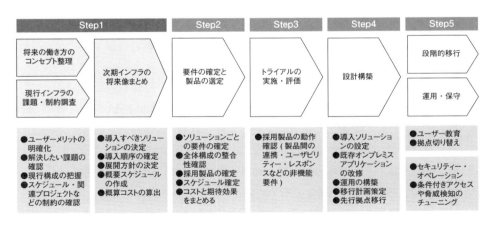

図表6-10　企業でゼロトラストを検討する際の5段階ステップ

た。ここでは、上流工程の「Step1」を重点的に解説する。ゼロト
ラストは広範な技術・製品を含むコンセプトである一方で、「これ
がゼロトラストだ」というまとまった定義はない。そのため、「自
社はゼロトラストで何を実現したいのか」をしっかり整理し、上流
工程を固めておかないと導入がうまくいかないためだ。

未来の働き方のコンセプトをまとめる

　まず念頭に置いておきたいのは、ゼロトラストはあくまで手段で
あって、導入することそのものが目的ではないことだ。自社で実現
したい将来の働き方やユーザーが得るべきメリットを、目標として
明確にしよう。それらを満たすために何が必要か逆算して、実装す
べきセキュリティー基盤を描いていく。

　情報システム部門が主導してセキュリティー対策などを検討する
場合は、現行システムの問題点や技術動向の整理を基に、望ましい
システム構成を描くことが多い。しかし、このように現在の問題を
起点に考えていると、ゼロトラストのような長期的な視野に基づい
て導入すべき複雑な技術の実装は難しい。

　第1章ではDXのためのITアーキテクチャーには「将来的に何
を実現したいか、そのためにどんな情報システムが必要かという、
未来を起点にした設計が必要」と述べた。これはゼロトラストの導
入検討時にも当てはまる。

　セキュリティー対策はユーザーのワークスタイルに沿って実装し
なければ効果を発揮しない。そのためゼロトラストを検討する際は、
最初に「自社で実現したい将来の働き方」を描くとよい。まず営業
部門、エンジニア、本社スタッフ、社外パートナーなどの登場人物

にヒアリングし、それぞれ情報を取り扱う際の課題は何かまとめよ
う。取りまとめの際は「これが自社の課題である」ことを明確に意
識できるよう、抽象度を上げ過ぎないように注意したい。抽象度を
高くし過ぎると、切実な課題もただの一般論になってしまうことが
ある。ここで抽出した課題の解決が、将来の職場環境に移行するた
めの1つの動機付けとなる。

　続いて、将来的に皆が働きたい職場環境のコンセプトをまとめる。
先ほどヒアリングした登場人物たちがそれぞれ将来どのような働き
方をして、情報システム基盤がそれをどう支えるかストーリーを描
いて明確にする。このとき、「自席中心からリモートワークへ」「オ
ンプレミスのシステム利用からSaaS活用へ」「自社完結のサービス
から他企業とのコラボレーションへ」などが要求事項として上がっ
てきたら、それを支えるゼロトラストの導入を本格検討すべき理由
になる。

現行インフラの概要を把握する

　「インフラの将来像を描くときは、現行システムに縛られずにゼロ
ベースで良いものを導入したい」というのもよくある考え方だ。実
際、将来の絵姿を描く際に、目の前の制約を一度取り払って考えて
みるのは大切である。

　しかし、現実には現行インフラから将来インフラへの移行が発生
する。現在のディレクトリー構成、拠点間ネットワーク構成・運用
体制、ID管理・運用の状態、端末のライフサイクル管理の方法など、
本社だけでなく国内のグループ会社やグローバル支社も含めてどの
ような状況にあるか、どこが課題かは調べておきたい。

次期インフラの将来像を策定する

　ここまでの作業でゼロトラストへの移行の必要性が明確になった企業は、次にどのソリューションをどの順番で導入していくかを検討しよう。最初に整備が必要なのはID基盤だ。

　ユーザビリティーの観点から、IDaaSの基本機能であるクラウドとオンプレミスのシングルサインオンは必須となる。MDMと連携した条件付きアクセス、SDPやAPI認可との連携、パートナー企業へのID発行・管理と、将来的にどこまでの機能拡張を視野に入れて検討するかで採用する製品の選択肢が変わってくる。先ほどの手順でしっかり「将来実現したい働き方」を明確にしておけば、短期的・表面的な製品選定を避けられるだろう。

　なお、基本的には将来の職場のあり方を目標としつつ、システム刷新時には足元の問題も解決しておきたい。例えばIDのライフサイクル管理に手作業が残っている場合は、次期ID基盤整備時にワークフローなどの仕組みを整備したうえで、事業部側へのID管理の委譲、セルフサービスの充実、人事システムのようなIDの源泉情報との自動連携など、運用の効率化も併せて検討しよう。そうでなければ、ID管理の運用が多様な働き方推進の足を引っ張ることになる。

　次に取り組むべき施策は、「将来的にどのような働き方を実現したいか」「現状解決したい課題の重要度はどの程度か」によって変わる。例えば「社外から安全に働けるようにしたい」という強い要件があった場合は、MDMやEDRを検討しつつ、SWGを導入する。これらを採用することで、社外でのモバイルデバイス利用が安全に、しかも高パフォーマンスで可能となる。

　VPNを使った社外からオンプレミスシステムへのアクセスに課題があるなら、脱VPNの実現とSDPの導入を検討したい。ユーザーの利便性を向上させつつ、運用負荷も軽減できる。社外からのリモートアクセスよりもむしろインターネット経由でのSaaSアプリケーションの利用が増え、クラウドサービスの統制が課題の場合は、CASBの導入が有効だ。以上のように、ユーザーが得られるメリットやセキュリティー製品の機能のバランスを見て、導入の順番を決めていく。

　移行スケジュールをまとめる際は、ソリューションの導入順序と併せて、セキュリティー対策の対象となる業務範囲と対象ユーザーの2軸を検討する。できれば最初は小規模な業務範囲とユーザー数からスタートし、徐々に対象を広げていくのがよいだろう。

　例えば最初は特定のグループ会社や部門で試験運用し、「ユーザビリティーの評価はどうか」「選定したソリューションが当初の目的を達成しているか」「インシデント対応などの運用に課題はないか」「規約面で改訂すべきポイントはあるか」といった論点を整理する。明確に論点や問題が浮かび上がったら、必要な解決策を講じたうえで、ソリューションを展開する範囲を広げていく。こうすれば、大規模なトラブルを避けつつセキュリティー対策を強化できる。

　そのほか、ゼロトラストの検討を進める際には、コスト面の調整も重要だ。ゼロトラストは複数のソリューションを組み合わせて構築する。そのため、各ソリューションを一緒に利用した場合の機能の重複を考慮して、ソリューションごとのライセンスの種類や数などを調整するとよい。また、各ソリューションを導入することで生じる閉域網の帯域縮小、VPN基盤やデータセンターのDMZ（DeMilitarized Zone）に配置したアプライアンスの縮小・撤廃、そ

れに伴う保守・運用の削減といったコスト削減効果についても、ど
の程度のメリットがあるか整理しておきたい。

第7章

データ活用基盤の整備

7-1　企業のデータ活用現場の現状と課題

作ったのに使われない
データをめぐる6つの課題

　DX（Digital Transformation）を進める際、市場とユーザーの変化の速さについていくため、ビジネス上の判断に役立つ全社的なデータ活用と分析のニーズがより一層高まっている。

　データ活用が注目を集める背景には、パソコンだけでなく、他の端末から多様な情報を集められるようになってきたこともある。例えばセンサーを活用して、いろいろな場所にあるモノからデータを取得するコンセプトにIoT（Internet of Things）がある。IoTを本格導入すると、工場などの生産現場からバックオフィス、販売店、製品が置かれた街頭まで、企業を取り巻くあらゆるシーンで情報収集が可能になる。

　さらに、機械学習などAI（Artificial Intelligence、人工知能）分野の技術の成熟と普及によって、収集した大量のデータを処理しやすくなってきた。これまで難しかった膨大なデータの分析に基づく精度の高い予測を、ビジネスに役立てられると期待が広がっている。

DXにも欠かせないデータ活用基盤

　こうしたデータ分析を高度化するプラットフォームとして、必要性が高まりつつあるのが「データ活用基盤」だ。データ活用基盤は、企業のさまざまなシステムからデータを収集・蓄積し、分析しやす

い形にして保存する基盤のことである。第1章でDXのためのIT アーキテクチャーを7階層に分けて紹介した。このうちの1つ、「デー タサービス層」を構成するのがデータ活用基盤だ（7階層のITアー キテクチャーについては1-2を参照）。

　以前から全社的に共通のデータ活用基盤を整備し、データ活用に 積極的に取り組んできた企業も少なくない。しかし、昔から存在す るデータ活用基盤を使い続けていると、「どんどん増えるデータを 適切に管理できない」「各所に分散したデータの統合に困る」といっ た問題に対応しきれないケースがある。

　また近年のデータ活用においては、ビジネスを取り巻く変化の状 況に応じて、必要とされるデータソースやデータの種類、分析手法 などが頻繁に変わる。つまりDXのためのデータ活用基盤には、従 来に比べて変化に柔軟に対応できるような機能が求められる。そこ で第7章では現在の企業のデータ活用現場でよく見られる課題を踏 まえ、DXに向けてデータ活用基盤を整備する際に重視すべき機能、 プロセス、組織を解説する。

「目的が不明」「あっても使われない」、既存の課題を整理

　まずは企業が陥りやすい「データ分析のよくある課題」を「ビジ ネス」「データ」「プラットフォーム」という3つの観点から整理し よう。大きく6個の課題を下に挙げた。それぞれを順に見ていこう。

〔1〕「ビジネス」観点からの課題
・目的が定まらず、投資が無駄に
・データ活用が組織に浸透しない

〔2〕「データ」観点からの課題
・データが複数の組織やシステムに分散
・データの品質が悪い

〔3〕「プラットフォーム」観点からの課題
・必要な機能が欠けている
・機能拡張に時間・コストがかかる

〔1〕「ビジネス」観点からの課題

　企業にとって、データ活用基盤の存在自体は目的ではない。データを分析し、その結果を使って何をなし遂げたいか、何らかのビジネス上の成功が最終目的地になるべきである。ところがビジネス上の目的が定まっておらず、データ活用基盤の構築そのものが目的になってしまう企業が少なくない。

　また、近年はデータ活用のサービスやツールが乱立しており、適切なものを選ぶのが難しい。判断に迷った末に特定のベンダーの製品を一括導入してしまうと、自社にマッチせず「使われない箱になっている」「一部の機能しか利用していない」など、結果的に無駄な投資になるケースが多い。

　こうした事態を避けるには、「データをビジネスにどう生かすか」を先に考え、「そのために必要な仕組みは何か」という目的に沿ってサービスやツールを選ぼう。なおデータ活用は一定の成果が得られるまで試行錯誤を伴うため、短期的な視点では投資対効果が見えにくい。ビジネス上の長期的な目的を持って、ある程度じっくり取り組む必要がある。

　そのほか、データ活用基盤を整備したものの、組織にデータ活用

が浸透しないという課題もよく聞く。データ分析担当者がスキル不足で、組織で活用するに足る分析結果を得られないとこうした事態に陥りやすい。またスキル不足以前に、現場から「そもそもデータ活用基盤にどんな機能があるか分からない」「どこにどんなデータが蓄積されているか分からない」といった声が上がるケースも多い。現場のデータ活用を促進するには、機能だけでなく組織や情報提供の仕組みを整備するのが重要となる。

〔2〕「データ」観点からの課題

　データ活用を目指す企業がしばしば出くわすもう1つの課題は、データが複数の組織やシステムに分散して統合管理が進まないことである。これは、データの蓄積を始める段階から組織横断的なデータ活用を考えていない企業で起こりやすい。多岐にわたるデータソースからさまざまな形のデータを集めてはみたものの、集約・統合する方法を後付けで整備するのは難しいのだ。

　〔1〕で紹介したような、データ活用のビジネス上の目的が定まっていない企業は、一層この問題に陥りやすい。そもそも必要なデータやデータソースが何か、整理できていない状態でデータ収集を始めてしまうことが多いためだ。

　最近では自社だけでなく社外データの活用ニーズも増え、扱うデータの種類や形態が多様化している。そのためやみくもにデータを集めるのではなく、目的に合ったデータソースから必要なだけのデータを収集・蓄積できるようなデータ活用基盤の整備がますます重要になっている。

　収集するデータの品質も重要だ。「データの重複や誤記、表記揺れがある」「データが長期間更新されていない」「信頼性が低い」な

ど、データ自体の品質が悪いと、分析結果をサービス開発などに活用できない。

　品質を悪化させないためには、データ活用基盤という「システムの運用」だけでなく、「データ自体の運用」を検討する必要がある。システム側だけでなく、データソース側のデータ管理によって品質が左右されるためだ。データソース、データ活用基盤の両面から品質改善に取り組むことが重要だ。

〔3〕「プラットフォーム」観点からの課題

　データ活用基盤というプラットフォームそのものに課題がある企業も多い。例えば、データ活用基盤の具体的な要件が明確になっていない状態で、構築を進めてしまうことがある。こうしたケースでは、要件定義が不十分なため必要な機能が実装されていない、いわゆる「抜け漏れ」が発生しがちだ。構築の手戻りやコストの肥大化を防ぐためにも、データ活用基盤の構築前には要件定義をしっかりしておこう。

　その際、「個別に何の機能を盛り込むか」だけにとらわれると、データ活用基盤の構築そのものが目的化し、企業全体のビジネス上の目的を見失いがちになる。最初にデータ活用基盤の全体像を整理し、それが自社のビジネス上の目的に沿っているか確認してから要件定義や構築を進めるほうが望ましい。

　データ活用基盤に柔軟性を持たせておくことも重要だ。近年はビジネスや組織の変化が激しく、それに応じてデータ活用基盤で扱うべきデータも変わっていく。変化に柔軟かつ素早く対応し続けられるシステムが理想的である。

　ところが、現実には柔軟性や拡張性が考慮されておらず、機能追

加に時間やコストがかかるデータ活用基盤が多い。「周辺システム
の機能変更の影響を受け、そのたびにデータ活用基盤も機能変更を
強いられる」「新サービスのための機能拡張が難しく、サービス提
供に時間がかかる」などの問題をよく耳にする。現在のニーズだけ
に注力せず、中長期的な視点で柔軟性や拡張性を考慮したデザイン
を検討することが重要だ。

　以上のような課題について、企業はどんな解決策を取り得るのだ
ろうか。7-2で詳しく対策を紹介する。

7-2　本当に使えるデータ活用基盤を作る要点

全社的な目的を視野に入れ 小さな成功体験を積み重ねる

　7-1 では、データ活用基盤によくある 6 つの課題を解説しつつ、DX 向けに求められる要件を探った。7-2 では課題に対応するために、企業におけるデータ活用のアプローチはどうあるべきかを見ていこう。「ビジネス」「データ」「プラットフォーム」の課題に対し、5 つの対応策をまとめた（**図表 7-1**）。

大きな目的を抱きつつ小さく始める、5つの解決策

〔1〕スモールスタート

　データ活用のニーズは、ビジネスや組織の変化に応じて変動する。それを考慮すると、最初から完璧なデータ活用基盤を求めて製品やツールを導入するのは現実的ではない。まずは明らかに効果が見込めそうだったり、データの使い方が具体的に見えていたりする既存領域にターゲットを定めよう。そのうえで、必要な機能に絞ってデータ活用基盤の構築を進めるのが望ましい。

　例えば、商品の在庫データを日次で収集し、在庫管理の最適化を検討しているケースを想定しよう。最初は POS（Point of Sale）システムなどから、在庫管理の基本となるデータのみを集める。具体的には構造化された在庫データを日次で収集、整形し、蓄積する処理に絞って構築を進める（構造化データについては 7-3 を参照）。

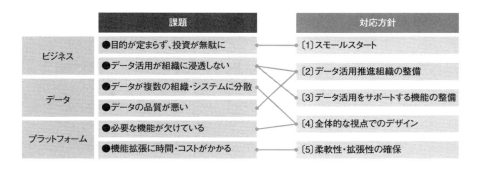

図表7-1　データ活用基盤のよくある課題とその対応策

　在庫管理には画像や動画などの非構造化データや、IoT センサーの情報などをリアルタイムで分析したデータも役立つ（非構造化データについては 7-3 を参照）。しかし、こうしたデータを収集・処理する機能については最初は実装せず、利用目的が明確になった段階で随時追加していく。このように、利用用途や優先順位に応じて必要最低限の機能を素早く構築していくと良い。

　既存のサービスで小さな成功体験を得たら、並行して新しいサービスの企画や、新サービスにおけるデータ活用方法の具体化を進めよう。要件が明確になったところから段階的に機能を拡張していけば、システムトラブルや投資の無駄も回避できる。

　データ活用基盤の機能拡張の流れを次ページの**図表 7-2** にまとめた。時系列順に、何をすべきか詳しく見ていこう。

　既に述べたように機能拡張の手始めは、スモールスタートが基本である。そのため最初はデータ活用基盤の機能をどう利用するか、具体的に見通しが立っているサービスを機能拡張の対象として選定するとよい。次に、このサービスの実現に必要そうなデータは何か、

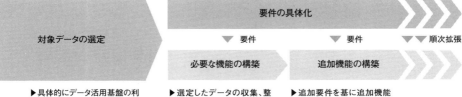

図表7-2　データ活用基盤の要件策定と機能拡張の流れ

そのうちデータ活用基盤に本当に蓄積すべきデータはどれか、利用すべきデータソースは何かを決めていく。さらに選定したデータをどのように収集、整形、蓄積するかを考え、具体的なシステムの機能要件、非機能要件に落とし込む。それらの要件を基に、必要な機能を実装する。

　例えばある商業施設で各店舗が扱う商品情報や在庫情報と、天候情報や交通情報などの外部情報を組み合わせて、施設利用者に商品検索やお薦め商品を案内するサービスを検討したとする。

　サービスに必要なデータは、各店舗の POS システムや外部情報サイトなどから収集する必要がある。これらのデータソースが用意しているデータ連携方式に合わせて、API（Application Programming Interface）やファイル連携手法など、データを収集するやり方を検討しなければならない。

　また、収集したデータについて、データ形式や更新頻度、ボリューム、提供サービス以外での活用の可否、必要期間などを考慮して保存先を検討する。この例では、まず生データをオブジェクトストレージのようなデータレイクに保存すると良い。オブジェクトストレー

ジはテキスト、画像、動画など多様なファイル 1 つひとつに管理用メタデータを付けて「オブジェクト」として効率良く格納するストレージのこと。データレイクは使う可能性がある多様なデータを何でもため込んでおく大規模なストレージを指す。そのうえでデータ項目の加工や集計、結合などの処理を行い、DWH（Data Warehouse）や RDB（Relational Database）などのデータストアに蓄積して活用する。

　以上のように、実現したいサービスを想定して利用するデータを洗い出し、サービス要件を基にデータ活用基盤を構築していく。その後も新サービス構築を検討する際は随時、データ活用基盤の要件について見直しをかけよう。新サービスに追加すべき具体的な要件が出てきたら、その都度データ活用基盤の機能を拡張していく。これを繰り返すことで、ニーズが高く本当に必要な機能を順次追加していける。

　こうした開発の進め方はデータ活用基盤の主軸となる分析機能だけでなく、その周辺を固める運用やセキュリティーの体制にも適用できる。初めから「完全なものを一式すべてそろえよう」と考えても、実現するのは難しい。まずは必要最低限の機能から整備を始め、データ活用基盤の拡張に合わせて順次機能を拡張するアプローチが望ましい。

〔2〕データ活用推進組織の整備

　データ活用基盤を作ったはいいが、分析機能や扱えるデータの種類に関する周知が足りず、社内で使われないといった課題もしばしば耳にする。「技術的スキルが一部の人にしかない」「どこに必要なデータがあるか分からない」「データ活用のノウハウが不足してい

る」といったことが、データ活用の障害になっていることが多い。ただ基盤があるだけでは、なかなか組織にデータ活用が浸透するまでに至らないのだ。

　現場でのデータ活用を推進するには、「社内ユーザーにとってデータが使いやすい環境」を整備することが重要だ。ユーザーの要望をヒアリングし、なぜデータ分析が使われにくいか理由を調べてもよいだろう。そのうえでニーズに応じて、データの準備、分析のサポートなど、データ活用の支援機能を拡充していく。

　また、データ活用に積極的に取り組むなら、支援活動も含めデータ活用の企画から改善案までを一括して担当する専任チームを設けるのが望ましい。十分なデータ活用にはデータの品質確保も重要なため、継続的な品質チェック・品質改善を適切なレベルで実施するにも専任組織があったほうがよい。

　専任組織においては、データサイエンティストやビジネスアナリストといったデータ活用を支援する役職を定義する。最初は小規模のチームとしてスタートし、社内のデータ活用のニーズに応じて組織を拡大していこう。

　専任チームが担うべきデータ活用のサイクルを**図表 7-3**にまとめた。社内の各部門と協力しつつ、データ活用の企画・実現の支援、データ活用基盤の運用や機能追加、データの利用状況の分析、改善案の検討・改善作業といった4段階のサイクルを回していく。

　なお企業によってはデータ活用の推進を、情報システム部門やデジタル事業部門に持たせることがある。しかし、データ活用基盤の活用サイクルを全社規模で回していくには、かなりの労力を要する。確実に運営していくためには、専任チームとして整備するほうがよいだろう。

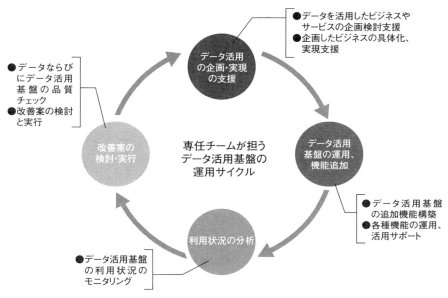

●データを活用したビジネスや
　サービスの企画検討支援
●企画したビジネスの具体化、
　実現支援

データ活用
の企画・実現
の支援

●データならび
　にデータ活用
　基盤の品質
　チェック
●改善案の検討
　と実行

改善案の
検討・実行

専任チームが担う
データ活用基盤の
運用サイクル

データ活用
基盤の運用、
機能追加

●データ活用基盤
　の追加機能構築
●各種機能の運用、
　活用サポート

利用状況の分析

●データ活用基盤
　の利用状況の
　モニタリング

図表7-3 専任チームが担う、データ活用の運用サイクル

〔3〕データ活用をサポートする機能の整備

　「現場で広く使われるデータ活用基盤」を実現するには、機能の整備も重要だ。例えばデータ分析をする際には、分析以前にデータの収集や整形などの準備に多くの時間を費やすことが多い。効率的なデータ活用のためには、分析そのものだけでなく、データの準備向けの機能を整備しなければならない。

　加えて、データ活用基盤に蓄積された多様かつ大量のデータから、用途に合致したデータを見つけるのは難しい。例えばユーザーから参照できるような、蓄積済みのデータの内容を表す情報が不足していることがある。項目名などわずかな情報からデータの内容を類推

するしかなく、本当に利用したいデータかどうかが分かりにくい。

　最近はこうした問題に対処するため、データの所在地や定義などを明確にし、データの透明性を確保する「データカタログ」という仕組みに注目が集まっている。

　データカタログとは、データの定義や形式、要素、来歴などの情報（メタデータ）を整理・可視化するための機能。ユーザーはキーワードを基に検索して目的のデータを探したり、データ関連用語の定義を調べたり、データ品質のスコアを参照したりできる。

　データを起点にビジネスを改善する際は、「今どんなデータがどこにあるか」を正確に把握できなければいけない。つまり、データカタログは常に最新の状態を保つ必要がある。「データカタログを整備して終わり」ではなく、更新し続けなければ有効とはいえない。

　そのためデータカタログ更新の役割分担、データ項目追加時の方針などを明確にし、滞りなく運用していくことが重要である。大量のデータを扱う場合、データカタログの整備は膨大な作業を伴うことが多い。近年ではツールを利用した詳細なメタデータの自動収集や、AIによる類似データの検出なども可能となっている。こうしたツールをうまく使いつつ、運用負荷を抑制することも重要だ。なおデータカタログの導入に当たっては、クラウド事業者が提供するサービスを利用したり、メタデータ管理に特化した製品を利用したりといった選択肢がある。

〔4〕全体的な視点でのデザイン

　社内外に点在する多様なデータを統合し、データを活用したビジネスを実現するためには、データ活用基盤の全体像を整理することが重要である。

　全体像を見据えずに個別機能の構築を進めると、システムやデータのサイロ化が進み、企業全体でのデータ活用の目的が達成できない。個別機能にのみ目を向けると、必要な機能の抜け漏れにもつながる。全社的なデータ活用の方針を整理し、その方針に基づいて、必要な機能・非機能を整理する必要がある。

　データ活用基盤の全体像をデザインするにあたって、検討すべき領域は多岐にわたる。代表的なものを以下にまとめた。データを活用したビジネスやサービス、その中で利用が想定されるデータを起点として、基盤の全体像を描いていく。

　　・想定されるデータソース
　　・データソースからデータを収集する機能
　　・収集したデータを利用しやすい形に整形する機能
　　・データを蓄積する機能
　　・データを分析する機能
　　・データを提供する機能
　　・データを活用したサービス

　全体像のデザインができた後は、「〔1〕スモールスタート」で述べたように「すぐに構築できる一部の領域から手を付ける」のが望ましい。全体を一気に構築するのは難度が高い。全体像を見据えつつも、小さく始めていくことが重要だ。

〔5〕柔軟性・拡張性の確保

　データ活用基盤は社内システムからデータを収集するだけでなく、社外のデータソース、IoT 機器、自社のデジタルソリューショ

ンなど多様なシステムと接続し、データを連携させる役割を果たす。

　社内システムについては、基幹システムの顧客情報や Web システムのアクセスログ、POS システムの購買情報などを収集・統合する（**図表 7-4** の左）。社外データソースからは、公開されている統計や SNS（Social Networking Service）などのデータを収集する（同右）。近年では、他社の購買情報などを購入することも可能になってきた。

　IoT 機器の進化により、センサーやカメラ、マイクなどからリアルタイムにデータを収集して活用する取り組みも進んでいる（同下）。AI や画像分析など、収集したデータを活用するさまざまなデジタルソリューションも広がりを見せており、こうしたソリューションのログがまた新たなデータ収集元となる（同上）。

　以上のように多数のシステムから継続的にデータを蓄積し、新しいデータソースが順次追加されていくと、データ量ならびに接続システム数がどんどん増加していく。それに合わせて柔軟にデータ活用基盤のキャパシティーを拡張したり、機能追加したりできなければビジネスの変化に対応することは難しい。

　拡張性を確保するためには、周辺システムとの連携方針に注意する必要がある。例えばデータ活用基盤と周辺システムが、非常に密な結合になっているとしよう。この場合、周辺システムを改修するとデータ活用基盤側にも改修が必要となる。密結合する周辺システムが増えるほど、1 カ所の改修に伴って検証すべきポイントが増え、迅速な機能拡張が難しくなる。システム運用の負荷も増えるだろう。

　「〔4〕全体的な視点でのデザイン」を実施する際、周辺システムとどう連携するか、柔軟性・拡張性をどう確保するかも整理して構築に織り込んでおくとよい。例えば周辺システムとの連携方式には

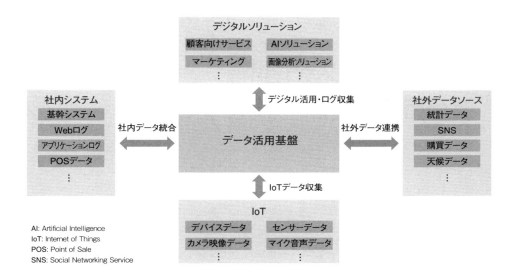

図表7-4　データ活用基盤はさまざまな周辺システムと連携してデータを集める

APIを採用すると、システムが疎結合になって改修時の手間が省けるなど、拡張性が高まる。データ活用基盤全体でどのデータ同士、どのシステム同士が連携するか明確にしておくのも有効だ。そのうえで、システム全体でデータフローが複雑化しないよう、連携パターン別に機能を定義しておくのが望ましい。

7-3　データ活用基盤構築プロジェクトの進め方

レファレンスを図解
８階層で機能を整理する

　DX に欠かせないデータ活用基盤を構築する際は、「Think Big, Start Small」の思想が重要である。7-1、7-2 で説明したように、できるところから小さく始めて、自社に適した基盤を段階的に構築していくアプローチが望ましい。とはいえ、「実装しやすい小さい領域」や「優先すべき機能」とは何か、また段階的に機能拡張する手順はどうすべきか分からないケースも多いだろう。そこで 7-3 では、データ活用基盤を構築する際のプロジェクトの進め方を手順に沿って解説する。

標準プロセスを参考にデータ分析の流れを整理

　手順を紹介する前に、構築の初期に考慮すべき重要なポイントとして、まず自社に必要なデータ活用の機能を整理するやり方を押さえておきたい。筆者は「データ分析プロセス」「扱うデータの構造」「処理方式」という３つの観点から機能を検討することが重要だと考えている。

　「データ分析プロセス」については、「CRISP-DM（Cross-Industry Standard Process for Data Mining）」と呼ばれる標準プロセスが参考になる。これはドイツの Daimler（ダイムラー）、米 NCR、オランダの OHRA、米 SPSS（現米 IBM）、米 Teradata（テラデータ）

などが構成するコンソーシアムが開発したデータマイニングのフレームワークである。

　CRISP-DM のプロセスでは、データの発生からデータを使って価値を生み出すまでの流れを下記のような6段階のライフサイクルとして捉える。

・ビジネスの理解
・データの理解
・データの準備
・モデル作成
・評価
・展開

　データ活用基盤に必要な機能は、このライフサイクルを意識して検討する。そのうえで、「データを収集する階層」「データを保管する階層」など、必要な機能を階層別に整理していく。階層ごとにどんな機能が必要かは、「扱うデータの構造」と「処理方式」を踏まえて洗い出す。

「構造化データ」と「非構造化データ」

　「扱うデータの構造」については、「構造化データ」と「非構造化データ」という2種類のデータを押さえよう。構造化データとは、データ構造を定義してリレーショナルモデルを基にしたデータベース（RDB）に格納できるデータを指す。非構造化データとは、文書や画像のようなデータ構造の定義が困難なデータを指す。自社で扱

うデータがこの 2 つのどちらに当てはまるかによって、必要な機能
も変わってくる。

　「処理方式」については、一定期間データを蓄積してからまとめ
て処理する「ストック型の処理」と、時系列に発生するデータを連
続的に処理する「フロー型の処理」の 2 つに大別できる。例えば企
業の財務・会計のデータなどは一定期間の請求・支払いをまとめて
ストック型で処理することが多い。一方、IoT センサーが生み出す
大量データをリアルタイムで分析するような処理は、後者のフロー
型処理に該当する。処理方式ごとに、データ分析基盤に必要な機能
も異なる。

レファレンスを基に具体的に必要な機能を検討しよう

　筆者が所属する野村総合研究所では、ここまで紹介した「データ
分析プロセス」「扱うデータの構造」「処理方式」を考慮しつつデー
タ活用基盤に求められる機能要素を 8 階層に分け、レファレンス
アーキテクチャーの形に整理している。**図表 7-5** の〔1〕～〔8〕が
8 階層に該当する。

　このうち「〔1〕転送」から「〔6〕プレゼンテーション」までは、
CRISP-DM を踏まえたデータ分析プロセスに基づいて階層分けされ
ている。具体的にどんな機能を含めるかについては、さまざまな構
造・処理方式のデータを考慮して幅広い、しかし利用頻度の高い内
容を盛り込んだ。残る 2 つの「〔7〕運用管理」「〔8〕セキュリティー」
の階層は、データ活用基盤一般に必要となるインフラ機能である。

　このレファレンスアーキテクチャーは企業がデータ活用基盤に必
要な機能を検討する際の参考に作成したものだ。しかし、各階層に

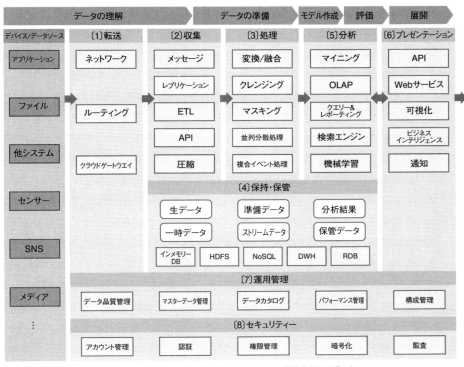

図表7-5 データ活用基盤の機能をまとめたレファレンスアーキテクチャー

表記された要素をすべてそろえる必要はない。自社で主に扱うデータ構造や処理方式に応じて、必要な機能を選んでくとよい。

　例えば、経営コックピット向けのデータの整備を想定してみよう。経営コックピットとは、まるで航空機の操縦席にいるかのように、経営状況の変化を表す全てのデータを収集・把握してコンピュー

ターに表示し、迅速に意思決定を行う手法のこと。業務システムの構造化データを分析したい場合は、ETL（Extract/Transform/Load）ツールを使ってデータを収集・整形し、DWH や RDB にデータを蓄積する。蓄積したデータに対し、ビジネスインテリジェンスツールを利用してさらに分析・可視化するなどの構成が考えられる。

　一方、IoT デバイスなどから発生する大量の生データをリアルタイムで分析したい場合は、複合イベント処理エンジンなどの活用が考えられる。複合イベント処理（CEP：Complex Event Processing）とは、時系列で発生するストリームデータをコンピューターのインメモリーに展開し、あらかじめ設定した分析シナリオの条件に合致したら「特定のイベントが発生した」と判断し、それに対応するアクションを実行すること。このように実現したい分析内容に応じて、必要な技術を組み合わせてデータ活用基盤を構築していくのが重要である。

　なおデータ活用基盤の構築に当たっては、ベンダー製品やツールですべての機能群を構築することもできるし、OSS（オープンソースソフトウエア）やクラウドサービスを活用する手もある。どちらにしても、自社のデータ活用の目的・方針を整理し、必要な機能を明確化し、柔軟性・拡張性の高い基盤を構築していくことだ。

　データ活用基盤について理解を深めるため、図表 7–5 のレファレンスアーキテクチャーを参照しつつ、各階層の機能をもう少し詳しく見ていこう。

〔1〕転送

　データソースとなるパソコンや IoT 機器などのエッジデバイスを管理・監視し、クラウドサービスなどの上に存在するデータ活用基

盤との間でシームレスな接続を提供する階層である。データソースの場所や収集データの量などを考慮したうえで、「安全に接続できる方式は何か」「適切なネットワークの帯域はどのくらいか」など、必要な構成を検討する。

特に IoT を活用する場合は、「多様な IoT 機器との接続を確保できること」「設置している IoT 機器を監視し、故障などを検知すること」が重要となる。

〔2〕収集

各種データソースが生成・蓄積しているデータを収集する機能や、データ収集のためのインターフェースを提供する階層である。データ活用基盤の柔軟性や拡張性を確保するため、データシステムを擁する周辺システムとのつながりは疎結合であることが望ましい。そのため、システム間のインターフェースには基本的に標準化したAPI を採用する。ただし、API 連携を採用すると接続プログラムの開発に大きなコストがかかるなど、既存システムに制約があるケースも考えられる。その場合は、API 以外の方式も検討しよう。

〔3〕処理

収集したデータを、分析しやすい、扱いやすい形に整形してから蓄積する機能を提供する階層。具体的にはデータ変換、表記のばらつきの整形やデータ重複の排除（クレンジング）、必要に応じた匿名情報加工（マスキング）などを実施する。

大規模なデータを処理するため、Hadoop などの並列分散処理技術を含むことも多い。主に扱うデータがストック型・フロー型どちらの処理方式を必要としているかによって、備えるべき機能を整理

していこう。

　データ分析基盤に取り込んだ後でどんな整形を施すかは、データの種類や用途によって異なる。とはいえファイル形式の変換や欠損値処理などさまざまな種類のデータの整形に汎用的に必要とされる機能は、データ活用基盤の共通機能として用意するとよい。そうすれば開発・運用コストを抑制できるためだ。

〔4〕保持・保管

　データソースから収集した生データや、整形の済んだ加工データを保持・保管する階層である。扱うデータの構造や用途に応じて、適切なデータストアを選択することが重要だ。例えば構造化データを扱う場合は RDB を採用し、非構造化データを扱う場合は NoSQL や Hadoop を採用する。

　データ活用の用途によって、レスポンス速度を重視すべきか、単位時間当たりのデータ処理量を重視すべきか変わってくる。どちらが重要かを確認して、用途に合ったデータストアを選ぼう。データストアの選択肢としては、例えば大規模データ処理を実現できる分散データストア、高速処理を実現するインメモリーデータベース、データ構造の柔軟性・スケーラビリティーが高い NoSQL などが挙げられる。

〔5〕分析

　保管済みのデータを分析する階層である。大量に蓄積したデータからビジネスに有用な法則性や相関関係を発見するための「データマイニング」「機械学習」といった機能を含む。

　分析の用途に応じて、必要な機能は異なる。Hadoop や R などを

使うケースもあれば、米 Amazon Web Services（アマゾン・ウェブ・サービス、AWS）や米 Microsoft（マイクロソフト）といったクラウドベンダーが提供する分析サービスを活用する企業も多い。例えば AWS では、自然言語処理や画像認識などの機能をクラウドサービスとして提供している。

〔6〕プレゼンテーション

　分析結果を取得するインターフェースや、ユーザーへのメッセージ通知、分析結果を活用した意思決定支援機能などを提供する階層。「〔2〕収集」で説明したように拡張性や柔軟性を確保するため、システム間を結ぶインターフェースには基本的に標準化した API を採用する。

〔7〕運用管理

　品質チェック・改善、メタデータの管理、データ活用基盤のシステム監視、システムの構成管理、パフォーマンスの管理などの機能を提供する階層である。データの品質管理や可視化（データカタログ）など、いかにデータをうまく扱うかに主眼を置いた運用機能が求められる。運用効率を高めるため、自社の既存システムの運用機能との統合も検討したい。

〔8〕セキュリティー

　ID 管理やアクセス制御、認証、監査などのセキュリティー機能を提供する階層である。企業にとって競争優位に関わるデータは、積極的な活用を求められる一方で非常に機密性が高いことが多い。データ分析を行う際は、高いセキュリティーレベルを確保する必要

がある。

　自社のセキュリティーポリシーや個人情報保護法などにのっとっ
て、適切なセキュリティー対策を検討のうえで実装したい。データ
暗号化、操作証跡の取得、分析テーマごとにデータの保管場所を論
理的に分けてアクセス権限を割り振るといった対策が考えられる。

開発プロジェクトの進め方を5段階に整理

　データ活用基盤に必要な機能の概要を押さえたら、それを踏まえ
つつデータ活用基盤を構築する際のプロジェクトの進め方を見てい
こう。

　7-2で、データ活用基盤の構築に当たっては「ビジネス上の目的
を整理し、それを達成できる基盤の全体像を描くこと」「全体像を
踏まえつつ、最初は小規模に構築を始めること」が重要であると述
べた。そのためには、**図表7-6**に示すように5段階のタスクに分け
て構築プロジェクトを進めるとよい。

〔タスク1〕データ活用要件の整理

　まずは、自社のビジネスで達成したい目的を決め、それを満たす
データ活用の方針を整理しよう。続いて現場の声などを聞きつつ、
「データ活用の具体的な用途は何か」「どんなデータが必要か」をま
とめる。併せて、既存システムのデータ資産の棚卸し情報や、デー
タを活用して開発したい新サービスの概要も把握しておきたい。

　以上を参考に、既存の、あるいは将来対応が必要となるデータの
種類や構造を整理し、データ活用基盤で管理すべきデータの範囲や、
満たすべきシステム要件をまとめる。

図表7-6　データ活用基盤の開発プロジェクトの進め方

　ちなみにここまでの情報の洗い出しによって、将来必要となりそうなデータ容量についても概算できるはずだ。データ活用基盤の構築費用を試算する際に参照しよう。

〔タスク2〕現行システム整理

　自社の既存システムの現状、抱えている課題、保持しているさまざまなリソースを整理しよう。すると、既存システムのどの範囲をデータ活用基盤で活用できるかが見えてくる。使えそうな既存システムは、積極的にデータ活用基盤と連携させるとよい。さらに既存システムの将来的な改修計画についても調査し、データ活用基盤の構築スケジュールと照らし合わせて不整合が起きないかも確認しておきたい。

〔タスク3〕技術動向調査

　直近の技術トレンドや先進的なデータ活用方法を調査し、自社の
データ活用基盤に盛り込むべきか検討する。ベンダーなどから技術
や事例の情報を収集するとよい。近年の技術の進化スピードは速い
ため、一度だけでなく必要に応じて随時調査をかけ、情報をアップ
デートするのが望ましい。

　古い技術やアーキテクチャーを使い続けると、年を追うごとにメ
ンテナンスなどに必要な人材が枯渇していき、その結果コストがか
さんでしまう。トレンドに沿った技術を採用することで、コストを
抑えつつ、長期にわたって活用できるデータ活用基盤の構築を目指
そう。

〔タスク4〕システム全体像整理

　〔タスク1〕から〔タスク3〕でまとめた結果を踏まえ、データ活
用基盤のシステム化の方針、システム全体の構成イメージを固めて
いく。全体像を描く際には前述のレファレンスアーキテクチャーな
どを参照し、検討項目に抜け漏れがないかチェックするとよい。

　例えば自社で利用する予定のデータ処理方式に従って、必要な機
能・非機能をまとめ、具体的な要件を策定するといった作業だ。そ
のほか、扱うデータの種類や自社の組織構造を考慮し、データ活用
基盤の運用方針も定めていく。例えば機密情報の管理方針などを検
討することになるだろう。

〔タスク5〕全体プラン策定

　〔タスク4〕でまとめた要件を参照しつつ、構築すべき機能に優
先順位を付ける。それを基にデータ活用基盤の構築ロードマップを

作成し、機能単位や時期ごとにスコープ（範囲）を区切ってゆく。各スコープのコストを概算し、リスクや課題も洗い出しておこう。こうした作業は、スモールスタートで必要な機能から順番に、かつ迅速に構築を進めるために必要となる。

「構築して終わり」ではない、後のメンテナンスも重要

　〔タスク1〕〜〔タスク5〕をこなしてデータ活用基盤を構築したら、それで終わりというわけではない。ビジネスの状況の変化やユーザーのニーズの変化に応じて、データ活用基盤の機能にも見直しをかける必要がある。

　新たに必要な要件が出てきたら、既存のデータ活用基盤の全体像を踏まえつつ、最適な形で新機能を追加していきたい。そのためには、当初から柔軟性・拡張性を踏まえたデータ活用基盤を設計しておくことが重要だ。こうして試行錯誤と改良を繰り返しつつ、常に自社に最適なデータ活用基盤を維持していける態勢を作るのが最終的な目標となる。

第8章

5G技術と活用例

8-1　5Gの技術特性

「高速」「低遅延」「多接続」
5Gが生きる環境は？

　2020 年 4 月から、国内の大手通信事業者が5G（第 5 世代移動通信システム）を採用したモバイル通信サービスを提供し始めた。5G 対応の携帯電話の販売も始まり、「これから 5G をどう捉え、どうビジネスに活用すればよいか」と考えを巡らせる企業も増えているだろう。

　当初はエリア展開や対応端末が限られているが、5G は今後 10 年にわたってモバイル通信の主役となることは間違いない、重要な存在だ。例えば近年、IoT（Internet of Things）やエッジコンピューティングなどを採用したサービスが増加している。これらはセンサーやデバイスから取得したデータを、データが発生した現場に近い場所で処理する技術を活用している。こうしたサービスのエッジ（現場に近い側）に 5G を採用し、AI（Artificial Intelligence、人工知能）を使ったデータ分析と組み合わせ、いずれは DX（Digital Transformation）を支える基盤の 1 つとなることが期待されている。第 1 章で紹介した DX のための 7 階層の IT アーキテクチャーの中でいうと、5G は「チャネル層」や「データプロバイダー層」とその他の階層をつなぐ役割を果たす（IT アーキテクチャーの 7 階層については 1-2 を参照）。

　5G は特に産業分野において、高画質な 4K/8K 動画などの大容量データを使った業務改革や、今までにないユーザー体験を提供する

新サービスを生み出す要素の１つになると考えられる。第８章では企業の情報システム部門や経営企画部門に向けて、5Gの概要や現段階で検討すべきポイントを紹介する。技術特性、活用に向けての要点、考えられる用途などを解説しよう。

5G普及の現状と3つの技術特性を押さえる

　まずは、5G普及の現状を簡単に紹介する。米国を始め、世界的には8年ほど前から5G実用化への取り組みが進められてきた。日本では2014年に総務省を中心に産官学が連携して「第5世代モバイル推進フォーラム（5GMF）」が設立され、2015年ごろから実証実験を準備してきた。2017年からは、通信事業者を中心にさまざまな実験・検証が行われ、2020年4月の実用化に至っている。

　2020年9月の段階では、5Gが利用可能なエリアは限られている。一部の駅、空港、スタジアム、携帯ショップ店舗内など、限定された場所でのみ5Gが有効だ。今後、通信事業者がどのようにエリア

図表8-1　5Gの技術特性

を展開するかが 5G 普及の鍵といえる（詳細は 8-2 を参照）。

　続いて 5G の技術特性を見ていきたい。LTE（Long Term Evolution）の名前で知られる 4G（第 4 世代移動通信システム）と比べ、5G は「高速・大容量」「低遅延」「同時多数接続」の 3 点で大幅に性能が向上する（前ページの**図表 8-1**）。

　移動通信システムの標準化団体「3GPP（Third Generation Partnership Project）」では、下記の仕様を 5G の要求条件として挙げている。

●高速・大容量

理論上の下り最大通信速度は 20G ビット / 秒と 4G の約 20 倍の速度を想定しており、大容量のデータ転送が可能になる。例えば 1 つの基地局（アンテナ）に同時接続した数百台の端末に対して、高画質な 4K/8K 動画を安定して同時配信するといった使い方が期待される。

●低遅延

通信の遅延時間は 1 ミリ秒で、4G の遅延時間 10 ミリ秒に比べて 10 分の 1 になる。遅延時間が非常に短くなるため、遠隔地からリアルタイム性の高いロボットを制御したり、自動運転に活用したりといった用途が想定される。

●同時多数接続

5G は 1 平方キロメートル当たり 100 万台の端末が同時接続できる。4G では 1 平方キロメートル当たり 10 万台が上限なので、5G では 10 倍の数の同時接続が可能となった。スタジアムの観

客が持つ端末や、農業で作業者や機器が備えるセンサーなど、密集した多くのITデバイスが同時接続する環境での活用が見込まれている。

複数の周波数帯がある5G、どう使い分ける?

5Gで利用する周波数帯は2種類あり、4Gとは特性が異なる。5Gを活用するには、この2種類の周波数帯の特徴を十分に把握する必要がある。

まず、5Gは総じて4Gよりも高い周波数帯を利用する点を覚えておこう。一般に低い周波数の電波は減衰しにくく、遠くまで届きやすい性質がある。また、建物などの障害物の後ろに電波が回り込んで届く「回折」という現象が起こりやすい。一方、高い周波数の電波は減衰しやすく、遠くに届きにくい。また回折しにくく、直進する性質が強くなる。

つまり4Gでは障害物を回り込んで電波が届いていた場所でも、5Gの電波は届かなくなるケースが考えられる。5Gで電波が利用できる範囲は基地局当たり半径約200～500メートルといわれる。広いエリアをカバーするには4Gよりもきめ細かく、多数の基地局を設置する必要がありそうだ。

なお5Gには通信事業者が基地局を設置して構築するサービスのほかに、企業や自治体などの組織が自営で整備・運用できる「ローカル5G」というネットワークもある(ローカル5Gの詳細は8-2を参照)。企業などの組織が5Gの基地局を導入する際は、以上のような周波数帯の特性を踏まえて設置場所を検討しよう。例えば、以下のような場所に設置するのが望ましい。

・屋内で障害物の少ない部屋やフロア（天井に設置する）

・半屋外で、周囲がある程度は見通せる開けたエリア

・屋外で障害物が少ないエリア（電波が届く限られた範囲で利用する）

　屋外で利用する場合は天候も電波状況に影響する。雨が降ると水滴が電波の直進を妨げ、通信がつながりにくくなる可能性があるためだ。5G を利用したイベントなどを計画する際は、天候も考慮に入れておこう。

　5G のもう 1 つの特徴は、国内では「Sub6 帯（サブシックス帯）」と「ミリ波帯」という 2 つの周波数帯が割り当てられていることだ。Sub6 帯は 3.7GHz 帯と 4.5GHz 帯、ミリ波帯は 28GHz 帯が該当する。この 2 種類の周波数帯は、どのように使い分けるべきなのだろうか。

　先ほど述べた一般的な電波の特性を踏まえると、低い周波数帯にある Sub6 帯のほうが減衰しにくく、障害物を回り込んで届きやすい。一方、国内で割り当てられている周波数帯域はミリ波帯のほうが広い。使える周波数帯域が広い分、ミリ波帯のほうが通信速度は速くなるだろう。また、データを運ぶサブキャリアの間隔を広く取れるため、Sub6 帯に比べて短時間で大容量のデータを送受信できる。つまり、ミリ波帯は通信遅延に対する要件が厳しい用途に対応しやすい。

　以上を踏まえると、比較的狭く、かつ障害物が少ない範囲で高速・大容量かつ低遅延なネットワークを構築するならミリ波帯が向いている。逆に電波が届く範囲を広く確保したい場合は、Sub6 帯を使うのがよさそうだ。両者を組み合わせ、Sub6 帯である程度広範囲の接続性を確保し、特に通信量が多い場所をミリ波帯でカバーする

ようなネットワーク設計にすると、より効率的にトラフィックをさばける。

無線LANと5Gの速度を実測値で比較

ここまで5Gについて、「高速かつ大容量な通信」「低遅延」「同時多数接続」といった特徴を紹介してきた。これらは無線LANの最新規格「Wi-Fi 6」などと比べ、本当に性能面で有意な差があるのだろうか？ あるとしたらどんな状況でそれが生きるのか、使いどころも併せて見ていきたい。

●通信速度

モバイル通信の理論値と実測値が異なることは、皆さんもよくご存じだろう。最新の無線LAN規格であるWi-Fi 6（IEEE 802.11ax）などと比べ、5Gは実際、どのくらいスピードが出るのだろうか？ 2020年8月時点での5Gの現実的な速度を、東京都内の屋内環境で筆者が計測してみた（次ページの**図表8-2**の左側「実測値」）。5Gだけでなく、4GとWi-Fi 6の値も併せて計測している。計測値に幅があるのは、複数の場所で計測した結果をまとめたためだ。

現在、広く利用されている4Gは実測値で下り20M～80Mビット/秒の通信速度だった。これは読者が日ごろ体感している速度と、おおむね等しいのではないだろうか。一方、5G（ミリ波帯）では、下り300M～1.3Gビット/秒という結果が得られた。ミリ波帯については、4Gに比べて10倍以上の速度が出ている。

ちなみにWi-Fi 6はシングルストリーム、160MHz幅で実測した結果100M～600Mビット/秒だった。ストリーム数を増やすなど

	実測値 （2020年8月時点 屋内モバイル環境で計測）	予測値 （2023年頃 屋内モバイル環境の将来予測）	理論上の最大通信速度
5G	下り 300M〜1.3Gビット/秒 （5G展開エリアで計測。上限値 は通信事業者店舗内のミリ波ア ンテナ直下で計測）	下り 1G〜4Gビット/秒 （「SA期」のミリ波帯の予測値）	下り 最大20Gビット/秒
4G	下り 20M〜80Mビット/秒 （キャリアアグリゲーション「4G+」 なしで自社内で計測。有りの場 合は約170Mビット/秒）	下り 150M〜1Gビット/秒 （キャリアアグリゲーション「4G+」 有り、端末の受信性能が向上し た場合の予測値）	下り 最大1Gビット/秒
Wi-Fi 6	下り 100M〜600Mビット/秒 （自社内で計測。シングルストリー ムの値）	下り 最大2.5Gビット/秒 （6GHz帯のWi-Fi 6Eが利用可 能になり、シングルストリームの場 合の予測値）	下り 最大9.6Gビット/秒

※5G、4G、Wi-Fi 6の「実測値」は、複数の場所で計測して範囲を記載
※SA期: コアネットワーク、無線ネットワークともに5Gとなった時期

図表8-2　5Gと4G、Wi-Fi 6との速度比較

高速化技術を取り入れれば、1G ビット / 秒を超えることもありそ
うだ。

　現在の 5G サービスは、「基地局と端末がやり取りする無線部分は
5G」「コアネットワークは 4G」という混在環境で提供されている。
今後、2023 年頃までにコアネットワークにも段階的に 5G 設備が導
入され、基地局の数も増えたあかつきには 4G ビット / 秒近くまで
実効速度が伸びる可能性がある。そうなれば、4K/8K 高画質動画を
多数の端末に同時配信するといったサービスも考えられるだろう。

　とはいえ無線 LAN の通信規格も同時に進化し、今後は拡張規格
の「Wi-Fi 6E」やさらなる次世代規格も登場してくるだろう。その
ため筆者は、2023 年以降に 5G の理想的な通信環境が整ったとして
も、無線 LAN の新規格との通信速度の差はさほど大きく開かない
と予測している。

●遅延

　5G の低遅延と同時多数接続については、実はまだ仕様が固まっていない部分がある（詳細は 5-2 を参照）。そのため、実測ではなく理論上の数字を基に考察していこう。5G 通信の遅延時間は 1 ミリ秒、4G は 10 ミリ秒、Wi-Fi 6 では 20 ミリ～ 30 ミリ秒といわれている。やり取りする通信の量が増えるほど遅延は重なって増加するため、特に大容量の通信では 4G や Wi-Fi 6 に比べ、5G の遅延の小ささは優位性があると考えられる。

●同時接続数

　同時接続台数の観点で 4G と比べると、5G はオーバースペック気味だ。5G は基地局ごとの同時接続数が 100 万台／平方キロメートル、4G は 10 万台／平方キロメートルである。

　基地局を中心とした半径 500 メートルの範囲で考えて、端末を 5G の上限値である 100 万台まで同時に接続する用途は多くはないだろう。例えば、東京ドームのサイズはおおよそ 200 × 200 メートル、野球の試合の場合の収容人数は約 4 万 6000 人である。基地局 1 つで全体の通信をまかなうとして、収容した観客全員に 5G 対応端末を配布しても、4G レベルの同時接続数で十分足りる。IoT デバイスを工場や農場で多数導入しても、4G レベルで十分だろう。よほどのレアケースを除いては、5G ならではの効果を得ることは難しそうだ。

　一方、Wi-Fi 6 の同時接続台数は 1AP（アクセスポイント）当たり 8 台と、4G や 5G に比べて非常に少ない。とはいえ Wi-Fi 6 は設置コストが抑えられるため、屋内の限られたエリアなら AP を多数設置すれば事足りるケースが多いだろう。一般のスマートフォン

ユーザーが、屋内で端末をインターネットに接続するくらいなら問題なさそうだ。

　しかし、屋外でもっと広いエリアをカバーしたい場合、長期的な視点で考えて Wi-Fi 6 の AP を多数設置するより、5G のほうが有利なケースもあるだろう。

　例えば屋外では衛星の電波などとの干渉を防ぐため、電波法によって 5GHz 帯の無線 LAN を勝手に使用することは禁止されている。屋外での無線 LAN は基本的に、通信速度が遅い 2.4GHz 帯を使う。つまり速度面では、5G のミリ波帯のほうが優位になる。

　また Wi-Fi 6 の電波が届く範囲は障害物のない屋外の理想的な条件で直線距離 100 メートル程度、5G のミリ波帯では 200 ～ 500 メートルである。障害物のない開けたエリアなら、5G のほうが優位だ。ただし、5G は電波が回り込みにくい性質を持っているため、障害物がある場所では電波が届きにくくなる。

5Gの特徴が生きる場所・ネットワーク環境は？

　以上の観点で比較した結論として、5G が生かせるのは以下のようなネットワークといえそうだ。もちろん基地局の置き方やコストにもよるが、4G や Wi-Fi 6 ではなく、あえて 5G を利用することに価値があるケースである（**図表 8-3**）。

・4K 映像の送受信などの高速大容量通信をする
・遅延が少なく、迅速なレスポンスを求められる
・障害物の少ない半径 100 メートル以上の開けたエリア、特に半屋外や屋外で利用する

・数十～数百台以上の端末を同時接続する

要件	5G	4G	Wi-Fi 6
高速・大容量（4K映像など）	○	×	○
低遅延	○	×	×
同時接続台数 数10～数100台以上	○	○	×
半径100m以上 屋外、半屋外、広い屋内での利用	○	○	×

図表8-3 5Gはどんなネットワークに向いている？4G、Wi-Fi 6と比較

8-2　5G、いつからどこに導入すべき？

ポイントはコア5G化の時期 ローカル5Gはハードル高し

「5G に注目すべきところがあるのは分かったが、まだそのすごさを実感できない」という人も多いだろう。おそらく、5G サービスのエリア展開範囲がまだ狭いためではないだろうか。8-2 では筆者の予測も交えつつ、通信事業者の 5G のエリア展開や、仕様策定状況について見ていこう。

5G 基地局の展開には現状でいくつか難点がある。8-1 で述べた通りミリ波帯は電波の届く範囲が狭いので、5G では 4G に比べ多くの基地局が必要だ。だが昨今は新型コロナウイルス感染症流行の影響で、多数の基地局をスピーディーに展開するのが難しい状況である。Sub6 帯に関しては衛星通信の周波数帯との干渉を考慮しつつエリアを拡大しなければならないため、こちらも時間がかかる。

また、5G の仕様は固まった部分から段階的にリリースされており、実は 5G の特徴である 3 つの要素のうち「低遅延」機能の一部や「同時多数接続」についてはまだ策定中である。現状で仕様が固まっているのは「高速・大容量」の部分だけなのだ。

3GPP は 2018 年に「Release 15」として「高速・大容量」（eMBB）と「低遅延」（URLLC）の基本仕様を策定した。また、4G と 5G の両方の設備が混在する NSA（ノンスタンドアロン）版と、5G 設備のみで構成された SA（スタンドアロン）版について、それぞれコアネットワークと無線ネットワークの仕様も策定が完了している。

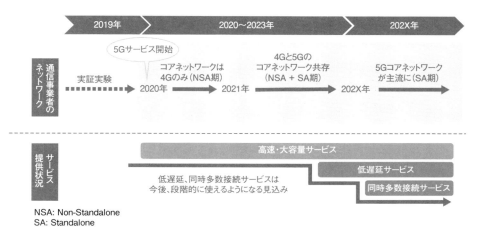

図表8-4　国内通信事業者の5Gサービス展開（筆者予測）

　現在は「Release 16」として、工場の自動化など産業向け IoT シ
ステムで必要とされるような低遅延（URLLC）の拡張機能や、同
時多数接続（mMTC）、自動車の 5G 利用（V2X）の仕様を検討中だ。
当初は 2019 年末から 2020 年前半に策定完了の予定だったが、新型
コロナウイルス感染症の世界的な流行の影響で遅れが出ている。昨
今の状況を見ると Release 16 の仕様が固まり、製品開発を経てサー
ビスが展開されるのは今から 2 〜 3 年後になりそうだ。

　公開情報に基づく筆者の予測では、国内の通信事業者では 2020
年からしばらくは、4G のコアネットワークに 5G の無線ネットワー
クを組み合わせた NSA 版の 5G サービスが展開されるだろう。そ
の後、2021 年から 2023 年ごろにかけて段階的にコアネットワーク
にも 5G の導入が進むと考えられる。5G のコアネットワークが主流
になるのは、早くても 2022 年〜 2023 年以降だろう（**図表 8-4**）。

　Release 16 の仕様を反映した本格的な同時多数接続サービスが始まるのは、5G のコアネットワークが主流の SA 期以降、低遅延なネットワークの活用が進んでからだといわれている。SA 期に入った後に、段階的に使えるようになる見込みだ。

　以上を踏まえると、5G の「高速・大容量」を活用できるのは、通信事業者の無線・コアネットワークの両方にある程度 5G が導入された 2021 〜 2022 年以降になりそうだ。「低遅延」「同時多数接続」はさらに後で、少なくとも今後 2 〜 3 年以内に本格的にサービス展開される可能性は少ないと考えよう。現時点では、企業は「高速・大容量」に用途を絞って 5G を検討するとよい。

「ローカル 5G」と「キャリア 5G」

　企業が 5G の導入を検討する際、もう 1 つ考慮すべき観点として「ローカル 5G」と「キャリア 5G」がある。

　キャリア 5G は通信事業者が整備する 5G ネットワークだ。現在、データ通信向けに広く一般ユーザーに提供されつつある 5G サービスがキャリア 5G である。

　一方、ローカル 5G は通信事業者以外の企業や自治体などの組織が 5G ネットワークを自営で整備・運用できる制度だ。無線免許を申請・取得した企業は、ある限られたエリア内で自社専用のセキュアな 5G ネットワークを構築できる。

　ローカル 5G については「自己の建物内」または「自己の土地の敷地内」で使う目的で、その建物や土地の所有者に免許が交付される。所有者からの委任を受けた組織に対しては、委任を受けた範囲で免許が交付される。つまり土地を持っている企業やその企業から

委任を受けた IT ベンダーなら、ローカル 5G ネットワークを構築・利用できる。

　2019 年 12 月には、ローカル 5G としてミリ波帯を利用する申請の受け付けが開始された。2020 年 12 月には Sub6 帯の申請も可能になる見通しだ。

　ローカル 5G の導入・運用は、一般の企業にはさまざまな理由でハードルが高い（詳細は後述）。そのため現実には IT ベンダーなどが企業や自治体の委任を受ける形でローカル 5G ネットワークを構築し、付加価値サービスとともに提供するケースが多いだろう。

実は4Gも必要なローカル5G、構築のハードルは高め

　現状の 5G ネットワークは、コアネットワークがまだ 4G の NSA 期に当たる。NSA 期のローカル 5G の構成は 2 通り考えられる（次ページ**図表 8-5** の左と中央）。この構成を理解する前提として、NSA 期には必ず 4G と 5G 両方の無線ネットワークを用意しなければならない点を知っておこう。NSA 期には、端末と基地局が制御データをやり取りする際は 4G で、データ本体をやり取りする際は 5G で通信するのだ。前者の制御データ用の無線ネットワークに使う周波数帯を「アンカーバンド」と呼ぶ。

　NSA 期に 4G のアンカーバンドを確保する方法は 2 通り考えられる。1 つは通信事業者の提供する 4G の通信サービスをアンカーバンドとして使うケースだ（図表 8-5 の左）。コアネットワークの一部または大半も通信事業者の 4G 設備を利用する。無線・コアネットワークともに、4G 部分については通信事業者が運用する。ローカル 5G の無線ネットワーク部分は自社構築のため、運用面では通信

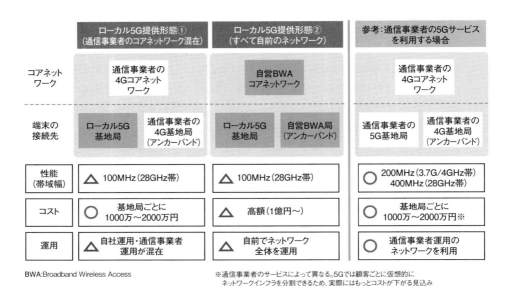

	ローカル5G提供形態① (通信事業者のコアネットワーク混在)		ローカル5G提供形態② (すべて自前のネットワーク)		参考：通信事業者の5Gサービスを利用する場合	
コアネットワーク	通信事業者の4Gコアネットワーク		自営BWAコアネットワーク		通信事業者の4Gコアネットワーク	
端末の接続先	ローカル5G基地局	通信事業者の4G基地局 (アンカーバンド)	ローカル5G基地局	自営BWA局 (アンカーバンド)	通信事業者の5G基地局	通信事業者の4G基地局 (アンカーバンド)
性能 (帯域幅)	△ 100MHz（28GHz帯）		△ 100MHz（28GHz帯）		○ 200MHz (3.7G/4GHz帯) 400MHz (28GHz帯)	
コスト	○ 基地局ごとに1000万〜2000万円		△ 高額（1億円〜）		○ 基地局ごとに1000万〜2000万円※	
運用	△ 自社運用・通信事業者運用が混在		△ 自前でネットワーク全体を運用		○ 通信事業者運用のネットワークを利用	

BWA:Broadband Wireless Access

※通信事業者のサービスによって異なる。5Gでは顧客ごとに仮想的にネットワークインフラを分割できるため、実際にはもっとコストが下がる見込み

図表8-5　NSA期のローカル5Gの構成例

事業者網と自社網の混在環境となる。トラブル発生時の切り分けなどには、多少の手間がかかるかもしれない。

　もう1つはコア・無線ネットワークともにすべて自前でまかなうケース。コアネットワークやアンカーバンドについては、「自営BWA（正式には自営等BWA）」を利用する（図表8-5の中央）。

　自営BWA（Broadband Wireless Access）は、企業などの組織が構築できる4Gのプライベートネットワークだ。使用する周波数帯は2.5GHz帯で、通信方式はAXGPまたはWiMAX R2.1 AE。ローカル5Gと同じく、無線局免許を取得すれば自社用途で使える。

　ただし、ネットワークを自前で用意するとなるとコストが非常に

大きくなる。4G 部分を通信事業者に任せる前述の構成に比べ、運用もずっと大変だ。例えば自営 BWA に割り当てられる周波数帯は、「地域 BWA」呼ばれるデジタルデバイドの解消や地域公共サービスの向上を目的としたネットワークと同じである。そのため場所によっては、電波の出し方などに制約が出る可能性がある。

直近ではキャリア5Gを使うほうがコスト・運用面で有利

　以上のように、NSA 期のローカル 5G には制約が多い。それならいっそ、キャリア 5G を使ったほうがいいのではないかと考える人もいるだろう。参考に、ローカル 5G と比較してキャリア 5G を利用した場合の運用・コストも見てみよう（図表 8-5 の右）。

　NSA 期のキャリア 5G のネットワークは、4G 部分も 5G 部分もすべて通信事業者に運用を任せられる。ローカル 5G のような企業ごとのプライベートネットワークではなく、設備は通信事業者のものを共用する。その点に問題がないなら、キャリア 5G を利用したほうがコストも安く、通信事業者に運用も任せられるため手間が省けるだろう。

　5G では顧客ごとに仮想的にネットワークインフラを分割できる仕様がある。そのため、通信事業者各社は図表 8-5 の提供形態以外に「キャリア 5G のネットワークを仮想的に区切り、企業向けにプライベートネットワークとして提供する」サービスも予定している。こちらは 2022 年以降に展開される可能性が高い。ローカル 5G は見送って、こうしたサービスの登場を待つという手もあるだろう。

　さらにローカル 5G とキャリア 5G では、同じミリ波帯でも利用できる周波数帯が異なる。ミリ波帯でローカル 5G に割り当てられ

た帯域幅は 100MHz だが、キャリア 5G は 400MHz である。そのため、キャリア 5G のほうが一度に運べるデータ量が多く、通信速度も勝る可能性が高い。完全なプライベートネットワークの確保が必要など「どうしてもローカル 5G」といった特別な理由がなければ、キャリア 5G のサービスを使うほうが有効な企業も多そうだ。

　なお NSA 期が終わってコアネットワークまで 5G が一般化した SA 期になれば、4G のアンカーバンドを考慮する必要がなくなる。機器などの性能が改善され、構築・運用のサービスが増えてローカル 5G にもメリットが出てくる可能性がある。以上を踏まえ、今後数年間にわたる NSA 期にローカル 5G を導入するかどうかを検討しよう。

8-3　5Gサービス検討時のポイント

5Gの用途検討時は AIと映像の組み合わせに注目

　8-2では、5Gの概要と今後の展開を解説した。その内容を踏まえると、少なくとも今後の数年間については、企業が5Gサービスを利用する際のメリットは「高速・大容量」なモバイル通信機能にあると考えるのがよさそうだ。そこで8-3では筆者の予測に基づき、5Gの「高速・大容量」に主眼を置きつつ、「同時多数接続」なども視野に入れて、5Gの用途を検討する際のポイントを探っていこう。

　筆者は直近での5Gの活用シーンは、大容量データの筆頭「4K高画質映像」の処理にあると考えている。特に期待しているのが、AIを使った高画質の映像データの解析である。解析結果を基に、企業のビジネスに大きな付加価値をもたらすはずだ。

高速・大容量な無線技術を生かす3つの観点

　ここでは以下の3つの観点から、5Gを業務の改善や新サービスの開発に生かす方法を検討する。4K対応カメラなど高画質の動画を処理できる機器を5Gに接続し、企業システムと連携させるケースを想定した。自社のビジネスにどう当てはめられるかイメージしながら、各ケースを読んでほしい。

　なお、5Gの導入を検討する際に前提として注意すべき点が1つある。それは「無線LANを使った既存のサービスや業務を、5Gで

置き換えようとは考えないこと」である。通信速度や同時接続数に関して現状の無線 LAN で足りている業務を 5G に置き換えても、メリットはほぼない。機能・コストどちらの面でも同様だ。5G は無線 LAN の置き換えではなく、これまでの技術では実現できていない業務改善や新ビジネスのために使うものと考えよう。

● 5G の特性を生かす 3 つの観点
・目視より広域かつ遠くから、多数の被写体の情報を同時処理する
・動く被写体の情報を正確に把握する
・視点の移動が容易である

目視より広域かつ遠くから、多数の被写体の情報を同時処理する

　4K 対応カメラなど高画質の動画を撮影できる機器を 5G ネットワークにつなぎ、データを集約して解析する。今まで人間が目視と手作業で処理していた仕事を、機械が自動処理するというアイデアだ。目視よりも広い範囲で、遠方に置かれた被写体の情報を正確に取得できる（**図表 8-6** の左上）。

　例えば工場での検品など目視による複雑な情報処理が必要な業務には、熟練が要求される。人手を介する以上ミスが起きたり、時間がかかってしまったりすることもあるだろう。そこで人の目で見た光景の代わりに、4K 高画質カメラで撮影した動画データを収集し、データ活用基盤に送って AI で解析する。今まで人手で実行していた作業は、解析結果を基に機械が自動で処理するよう現場のシステムと連携しておく。作業が細かく複雑であるほど、AI とシステムの自動化によって作業スピードは上がるだろう。

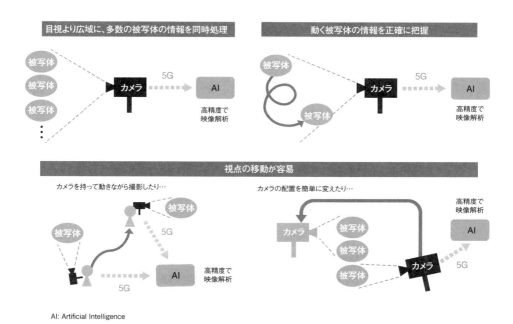

図表8-6　高画質動画、AIによる解析と組み合わせた5Gの使いどころ

　4K 対応カメラを使う場合は撮影可能な動画の解像度が高いため、より遠くの光景を広域に捉えられる。一説に、人間は HD 画質（2K）と 4K/8K との違いはそこまで厳密には分からないといわれる。しかし、AI は画質の違いを正確に把握できる。より高画質なデータを使って機械学習すれば、それだけ細かい状況の分析が可能になるのだ。目視より多数の被写体の情報を正確に把握できるため、ミスが減るといったメリットも得られそうだ。

　筆者が勤務する野村総合研究所では、AI による画像解析の PoC（Proof of Concept、概念実証）を実施したことがある。その結果、

HD 画質で撮影した動画は、被写体との距離や照明などの条件によっては、AI の解析対象として精度が低いことが分かった。例えば AI を使って動画データに対する顔認識をする場合、HD 画質では被写体とカメラを水平距離で 5 メートル以下まで近づけなければいけなかった。一方、4K 動画では最大で 15 メートル強まで被写体との距離があっても対応できた。

　撮影環境によっては解像度だけでなく、カメラの備える輝度も重要になる。暗い場所で遠くの被写体を撮影する際は、HDR（High Dynamic Range）に対応している（輝度が高い）ほうがはっきりと撮影できるため、データ解析時の精度も向上する。

　ここまでの記述で「カメラと AI の解析システムを結ぶのは、5G 以外の無線ネットワークでもよいのでは？」と感じた人もいるかもしれない。しかし、実際には「データ転送」という観点から 5G を活用したほうがよい。

　大量の 4K 映像を安定して無線で送るには、4G では通信速度が不足する。また、こうした用途ではそれなりに多くの撮影ポイントからのデータを集約して解析したいが、無線 LAN では 1 つのアクセスポイント当たりの同時接続数が限られる。最大 100 万台までという 5G の仕様通りの同時多数接続はまだ規格化の途中だが、現行 5G サービスでも無線 LAN と比べれば同時接続数は多い。そのため、工場のライン、倉庫など多数の被写体を撮影・分析するシーンでは 5G のほうが使い勝手がよいだろう。

動く被写体の情報を正確に把握する

　高画質な動画を撮影するカメラと AI、5G を連携させたシステムは、「動く被写体の確認」に対していっそう効果を発揮する。素早

く動作する被写体を目視で確認するには限界があるが、カメラを使えばより正確に状況を捉えられる。

　ある程度の速さで動作する被写体を撮影するには、一定以上のフレームレートが必要になる。フレームレート（fps）は、動画において1秒間に処理する静止画像の数のこと。60fps なら、1秒間に60枚の画像で動画を構成している。高フレームレートの動画はそのぶんデータサイズも大きくなるが、情報量が増えるので AI の解析精度は向上する。

　例えば、4K、HDR、60fps で撮影した1つの動画を受信するには、25M ビット／秒以上の転送速度が推奨されている。こうした動画を複数の場所から収集して AI で解析するには、5G の高速・大容量の通信が有効だ。

視点の移動が容易である

　カメラと AI システムの間を無線で接続すると、撮影視点の移動が容易になる。従来、人が特定のエリアを歩いて目視確認しつつ実施していた業務を、高画質カメラによる撮影と、5G を使って代用できる可能性がある。

　カメラが移動しながら被写体を撮影しつつ、動画を配信するような用途にも有効そうだ。例えば商品を180度、360度などの角度でぐるりと回り込んだり、周囲を円形に多数のカメラで囲んだりしながら撮影して、動画で顧客に紹介できる。

　有線ネットワークを使えば、よりコストを抑えて 5G 並みの高速・大容量の通信を実現できるだろう。しかし有線で複数のカメラを用意すると、多くのケーブルを張り巡らせる必要が出てくる。特に屋外や半屋外の場合はかなり長いケーブルを使う必要が出てくるた

め、設営も運用も非常に煩雑だ。無線にすると手持ちカメラを持って歩いたり、カメラを移動先で別の人に渡したり、固定カメラの配置を変えたりといった柔軟な運用ができるのがメリットだ。場所によっては有線と 5G を混在させてもよいだろう。

　技術的な課題としては、「移動する 5G 端末にどのように安定して電波を届けるか」を考慮する必要がある。通信事業者の 5G サービスを活用できるエリアなのか、自社でローカル 5G を構築するならどこに基地局を設置すればよいかなど、さまざまな要素を検討しなければならない。

　5G は 4G に比べて障害物があると電波が届きにくくなるため、カメラが移動する範囲において安定した通信ができるか、事前の検証が重要になる。必要に応じて、特定の場所に電波を集中的に照射する「ビームフォーミング」を利用したり、屋内に電波増幅器を導入したりするとよい。また、安定した電波供給のため、どこから電源を供給するかなども PoC を通して検討しておきたい。

遠隔地からデータを利用するニーズも

　以上、3 つの用途については、カメラから 5G 経由で取得したデータを有線ネットワークで遠隔地に送ることもできる。「5G を使った業務改善・新サービス」というとつい無線ネットワークだけに意識が向きがちだが、ぜひ「有線も連携させて大量のデータを遠隔地に届ける」部分まで想定してみよう。

　「離れた場所から多くの視覚情報を送れる」ことに注目すれば、サービスの着想が広がる。例えば、AI を生かした解析システムは遠隔地にあっても問題ない。遠隔地にいる人間が直接映像を目視で確認して必要な指示を出したり、ライブコマースで離れた場所の顧

客と取引したりといった用途にも使えるだろう。

　なお、企業向けシステムで高画質動画などと組み合わせて 5G を利用する際は、「下り」だけでなく「上り」の通信速度も考慮しなければならない点も覚えておこう。4K カメラで高画質動画を撮影して速やかに AI システムに転送する際は、上りの速度が鍵となるのだ。5G の仕様上、上りの最大通信速度は 10G ビット / 秒と、下りの半分程度だ。条件次第では、上りは下りの 10 分の 1 程度の速度になることもある。そのため、「実測で上りの通信速度がどのくらいか」「それは自社の企画中のサービスに十分な速度か」は十分に検証しておこう。

導入事例から活用シーンを分析

　実際に 5G の導入を検討した企業の例を踏まえ、5G の有効な活用シーンをもう少し具体的に見ていこう。以下の 4 種類の活用シーンについて、現実に企業が 5G を検証した事例を交えつつ紹介する。いずれも 5G と高画質の動画を利用したケースである。

〔1〕スマートファクトリー
〔2〕スマート物流
〔3〕ライブコマース
〔4〕営業現場

〔1〕スマートファクトリーでの5G活用
　スマートファクトリーとは、工場内の機器やシステムをネットワークに接続して統合管理するコンセプトだ。例えば複数の IoT デバイ

スを工場内に設置し、データを集めて分析しながら効率的に工場ラインを制御するといった用途が考えられる。このとき、工場内の機器やシステムを 5G で接続すると、どんなことができるだろうか。8-1 で紹介した 5G の「高速・大容量」という技術特性と、AI による高画質動画の解析を念頭に置いて考えると、いくつかの活用方法が浮かび上がってくる。

　まず、工場内のラインに流れる製品の不良品確認や歩留まり管理を、より効率的にできそうだ。8-3 の前半で解説したように、4K カメラなどを使って高画質の動画を撮影して AI で解析すると、目視より広域に多数の被写体の情報を処理できる。工場のラインの上などを動く被写体の情報も、目視より正確に取得しやすい。

　つまり以前は人間が作業現場で大量の製品の不良箇所を目視で探し出していた部分に、「高画質動画 ＋ AI による解析」を導入するとよい。解析結果を工場のラインを制御するシステムなどと連携させ、自動で不良品を見つけ出せるようにする。AI が処理できる情報量は人間よりも多いため、確認精度の向上やミスの削減も期待できる。

　こうした用途には有線よりも、5G のような無線が向いている。ネットワークに接続すべき機器が非常に多くなるため、有線を採用すると工場内が配線だらけになってしまう。導入時に工場内の既存のネットワーク配線・配管をあまり気にしなくてよい、導入後もレイアウト変更・管理がしやすい点でも 5G のような無線のほうがよいだろう。

　国内の工場への 5G 導入事例としては、2020 年 4 月から始まった JFE スチールのケースがある。同社は製鉄所内に生産ラインを監視する高精細な ITV カメラ（監視カメラ）と、KDDI の 5G 基地局を

導入。撮影した高画質の映像を5G経由で収集し、映像と工場内外の各種トレンド情報を同期して分析する仕組みを構築した。いずれはAIによる解析を組み合わせ、品質の判定などにも利用する見通しだ。

　中国では4Kカメラで撮影した高画質動画を、工場内の作業員の教育などに利用している事例がある。高度な作業をする作業員の動きを4Kカメラで撮影し、5G経由で集めた高画質動画をAIで分析して熟練者と非熟練者との動きの差分を求める。その結果をまとめて、非熟練者にどう作業を改善すべきかアドバイスをするといった具合だ。

〔2〕スマート物流での5G活用

　5Gと高画質動画、AIによる解析の組み合わせは、物流現場の作業も効率化できる可能性がある。現在の物流現場には、人間が目視で商品をチェックしたり、バーコードリーダーを使って1つずつバーコードを読み込んで確認したりといった作業がある。4Kカメラを使って撮影すれば、目視より広角に、離れた場所から多くの商品の情報を取得できる。

　撮影データは5G経由でAIに送り、その解析結果を基に商品の確認や管理をすればよい。固定カメラを使うほか、「作業者がカメラを身につけて物流現場を巡回するだけで確認作業が済む」といったソリューションも考えられる。

　いずれにせよ、使うカメラの動線や撮影可能な範囲に沿って荷物を配置するといった、運用業務の見直しが必要となる。一度に全社の運用を変えるのが難しい場合、最初は業務改善効果が高そうな現場に絞って5Gとカメラを導入するなど、スモールスタートを検討

するとよいだろう。

　国内の事例としては、2019 年 11 月から日立物流と KDDI が物流センターの改善に 5G を活用する実証実験を行っている。撮影したデータを 5G 経由で集約し、画像認識と AI の技術を組み合わせて商品やラベルを認識。それによって、従来は目視で行っていた検品作業などを省力化・高速化するという。

〔3〕ライブコマースでの5G活用

　ライブコマースとは、リアルタイムの動画配信を使った新しい Eコマースの形態だ。商品販売や宣伝を行う側がライブ動画を配信し、視聴者はリアルタイムに質問やコメントをはさみつつ配信者とコミュニケーションして、気に入れば商品を購入する。高画質映像と 5G の組み合わせをライブコマースに適用すると、①商品の購入を検討する視聴者、②ライブ配信をする販売者という両方の観点からメリットが得られる。

①商品の購入を検討する視聴者の観点

　8-3 の前半で 5G を活用した新サービスを検討する際は発想の幅を広げるためにも無線ネットワーク部分だけに注目せず、有線ネットワーク経由でデータを遠隔地に送るところも含めて考えるべきだと述べた。ライブコマースの例がまさにこれに当てはまる。

　今まで、商品の実態をしっかり把握するには購入者が店舗に赴いて目視で見て回る必要があった。これを 4K カメラやスマートフォンで撮影した高画質映像で代用する。無線であるという 5G の特性を生かして、多視点から撮影したり、店舗内を移動しながら撮影したりすると、より詳細に商品の特徴を伝えられるだろう。

　撮影データは 5G 経由で集約し、AI による解析を経て購入者に役立つ付帯情報や関連商品の情報を提供することも可能だ。

　なお、購入者は携帯電話で映像を受信するケースが多いと考えられる。4K 動画を生かすには端末側で 4K の受信・再生への対応が必要になる点に留意しておこう。

②ライブ配信をする販売者の観点

　5G の特性を生かして高画質の動画を多視点で撮影することで、販売者が説明したい商品の情報をより詳細に視聴者に届けられる。遠隔地にいる顧客にアクセスできる点もメリットだ。

　2020 年にはロレアル中国が、中国通信キャリア大手の中国聯合通信（China Unicom）や AI 開発のスタートアップ企業と提携して、5G と AI を活用した双方向によるライブ配信のテストを実施した。スマートフォンのカメラを使ってユーザーの顔を 360 度スキャンし、その解析結果を基に AI が最適なファンデーションの色をレコメンドしてくれるバーチャルメークサービスだ。高性能なカメラによる多視点の撮影、目視よりも詳しいデータの取得、遠隔地のユーザーへのソリューション提供など、5G のポテンシャルを生かしたサービスといえる。

〔4〕営業現場での5G活用

　ライブコマースでの利用に近いが、営業現場で「遠隔地の顧客の元に足を運ぶのが難しい」「商品が大きく重い」といった場合にも5G と高画質の動画の組み合わせは有効だ。わざわざ遠方に重い商品を運んで説明しなくても、リモートで顧客に詳細なデモを見せることができる。

5Gの周辺技術も踏まえ、幅広い発想を

　以上、4 種類の 5G 活用シーンを紹介してきたが、自社に適用できそうなものはあっただろうか。このほかにも「警備員がカメラを身につけ、収集したデータを AI で解析・管理する」など、セキュリティー分野での活用事例もある。高画質動画と AI、5G を組み合わせたサービスは発想次第でさまざまに考えられそうだ。自社に合ったサービスを検討してみてほしい。

　いずれにせよ導入を検討する企業の担当者は、5G そのものの技術だけでなく、カメラ、映像・画像の解析、AI など多様な周辺技術の知識を習得して組み合わせ、自社の業務内容も踏まえて新サービスの構想を練る必要がある。5G 経由でどんなデータを取得し、どのように解析すれば効果的なのか、現在の業務やビジネスの変革を目指して検討していこう。

第9章

レガシーシステム刷新手法

9-1　レガシーの定義と6つの課題

古く複雑なブラックボックス DXを阻むレガシーの壁とは

　第2章でも述べたように、DXを進めようとする多くの企業にとって壁となるのがレガシーシステムだ。レガシーシステムが残っているためにデータを活用しきれない、システムの維持管理費が高額化する、保守運用の担い手が不在になるといった課題がDXの展開を阻む。第9章ではレガシーシステムの刷新にどう取り組むべきか、具体的な手順を解説する。9-1では第2章や第3章でも触れたレガシーシステムの課題について、改めて詳しく見ていきたい。

レガシーシステムの定義

　レガシーシステムというと、一般に「メインフレームを使っていたらレガシー」「COBOLを使っていたらレガシー」といったイメージを抱く人もいるかもしれない。だが実際にはメインフレームやCOBOLに限らず、10〜20年前に作られたオンプレミスのサーバー上で稼働するWebシステムなどでも維持管理が難しく、負の資産になっているケースはよくある。場当たり的な機能拡張のため複雑化していたり、担当者が代わってブラックボックス化していたりするのだ。

　こうしたシステムはレガシーの中でも比較的新しいオープン系の技術を使っているため、「オープンレガシー」と呼ばれる。DXの

ためには、メインフレームやCOBOLだけでなくオープンレガシー
なシステムも対象に対策を考える必要がある。以上を踏まえ、この
章ではレガシーシステムを以下のような特徴を持つシステムと定義
する。

〔1〕技術面の老朽化
古い要素技術やパッケージでシステムが構成されており、ハー
ドウエアなどが故障すると代替がきかない状況。または、古い
要素技術に対応できる技術者の確保が難しい状況。

〔2〕システムの肥大化・複雑化
システムが複雑で機能の追加・変更が困難となり、現行業務の
遂行や改善に支障がある状況。システムの変更が難しいため、
外部に補完機能が増える。あるいは人が運用をカバーしなくて
はいけない状況。

〔3〕ブラックボックス化
ドキュメントなどが整備されておらず、属人的な運用・保守状
態にあり、障害が発生しても原因がすぐに分からない状況。ま
たは、再構築のために現行システムの仕様が再現できない状況。

レガシーシステムのよくある課題

　上の〔1〕〜〔3〕を基にレガシーシステムの課題をもう少し詳し
く分析すると、次ページの**図表9-1**のようにまとめられる。
　「〔1〕技術面の老朽化」に伴い、エンジニアからレガシーな技術

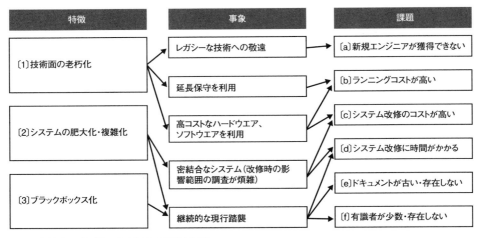

図表9-1　レガシーシステムの特徴と課題

　が敬遠されるようになる。すると古いシステムの担当エンジニアが
退職しても、新規エンジニアを獲得できない（図表 9-1 の〔a〕）。シ
ステムが古くなるにつれ、高額な延長保守が必要になったり、ハー
ドウエアの保守部品の確保が困難になったりしてランニングコスト・
システム改修コストともに高くなってしまう（同〔b〕〔c〕）。

　また、第 3 章でも触れたようにレガシーシステムはモノリシック
アーキテクチャーを取っていることが多い。つまりサブシステム同
士は密結合になっている。こうしたシステムをメンテナンスしつつ
長期間使い続けると、「〔2〕システムの肥大化・複雑化」が起こり
がちだ。密結合なシステムゆえ、改修時には影響範囲を調査するた
めのコストや時間がかさむ（同〔d〕）。

　さらに、〔1〕で述べたように以前の担当者が異動や退職などでい
なくなり、新規エンジニアの採用や引き継ぎも困難となったレガ

シーシステムは容易に「〔3〕ブラックボックス化」する。誰もシステムの詳細を把握していないため、プログラムの改修や運用の改善は難しく、現行踏襲が繰り返される。適切にアップデートされたドキュメントは失われ（同〔e〕）、有識者を探すのも困難な状況になる（同〔f〕）。

　このように、レガシーシステムは情報システムを硬直化させ、高コスト構造の原因となっている。企業が情報システムに割り当てられるリソース（予算や要員）には限りがある。限られたリソースをDXによる新しいビジネスの実現に向けるためにも、レガシーシステムを刷新し、課題を解決したい。そこで9-2、9-3ではレガシーシステム刷新の手法を整理し、具体的な進め方を紹介する。

9-2　5種類のレガシー刷新手法

手法ごとの利点・欠点を比較
手間と効果のバランスを考慮

　レガシーシステムの刷新手法は1つではない。刷新の目的や許容できる変更範囲、掛けられる予算・要員によって異なる。例えば「高額な保守費を支払っているメインフレームをオンプレミスのオープン系システムまたはクラウド環境に移行し低コスト化する」「ブラックボックス化している基幹業務システムのプログラムを書き直し保守性を高める」「式年遷宮のように定期的に、有識者が退職する前にシステムを作り直してノウハウを引き継ぐ」といった刷新パターンが考えられる。ここでは、9-1で述べたレガシーシステムの課題に対応する手法として、以下の5つの手法を紹介する。

　　〔1〕リインターフェース
　　〔2〕リホスト
　　〔3〕リライト
　　〔4〕リプレース
　　〔5〕リビルド

特徴や注意点について、順番に見ていこう。

〔1〕リインターフェース
　ハードウエアやソフトウエア（プログラム）などの既存資産は極

力生かし、インターフェース部分のみを刷新する手法。既存システムを大幅に刷新するのに十分なほどの予算・要員はないが、新たなビジネスの取り組みに対してレガシーシステムの影響を極小化したい場合に用いる。他システムとのインターフェースを担う軽量なソフトウエアを用意し、簡単な変換機能を持たせる。

　第2章で述べた、レガシーシステムと他システムの間に変換サービスを介する手法はリインターフェースの一種だ（2-3を参照）。他システムの変更に対応する場合も、変換機能だけを改修すればよい。手を入れるとコスト・時間が掛かるレガシーシステムには触れずに、迅速に改修に対応できる。

　ただし、既存のハードウエアやプログラムに変更を加えないため、ランニングコストの高騰やシステムのブラックボックス化への対応は難しい。あくまで、現行システムに手を加えることは難しいが新たなビジネスに迅速に取り組みたい場合、もしくは手を加えるほどは困っていない場合の選択肢である。

〔2〕リホスト

　アプリケーションは極力そのままに、ハードウエア・OS・ミドルウエアなどシステムのベースとなる部分を刷新する手法。主な課題が高額な保守費用や保守期限切れ、人材確保の困難の場合に有効である。より安価なハードウエア・OS・ミドルウエアに置き換えることで、コスト削減やエンジニア不足の解消を目指していく。

　リホストの典型的な例が「メインフレームからの脱却」だ。メインフレームの保守費用で年間数億〜十数億円は掛かっているところを、オープン系のより安価なものに置き換える。オープン系に置き換えれば、エンジニアの確保もメインフレーム時代より容易になる

だろう。ただしプログラムには手を加えないため、プログラムのブラックボックス化の解消までには至らない。

〔3〕リライト

　業務アプリケーションの機能は極力変更せず、別の言語でシステムを開発し直す手法。エンジニアが高齢化・希少化しているCOBOL などの言語を、Java などの近年広く使われている言語で書き直す。これにより、ブラックボックス化やエンジニア不足の解消を目指す。

　レガシーなプログラムを別言語で書き直すリライトツールを使うという選択肢もある。例えばリライトツールを使って COBOL やVisual Basic で書かれたプログラムを、Java や C# に変換するといった具合だ。

　ただし、リライトツールについては注意が必要なこともある。実際に金融業でリライトツールを使い COBOL から Java への変換を行った事例では、変換されたプログラムがいわゆる Java 的な書き方（オブジェクト指向など）ではなく、COBOL 的な書き方（データ構造をそのまま変数として定義するなど）となってしまったケースがある。その結果、Java も COBOL も分かるエンジニアでないと保守できない状態になり、かえって対応できるエンジニアの幅を狭めてしまった。

　ライセンス料や保守料の削減を目的としたリライトならこれでもよいが、ブラックボックス化やエンジニア不足の解消を目指す場合は、リライトツールでは解決策にならないことがある点を覚えておこう。

〔4〕リプレース

　業務システムを、既存のパッケージ製品や SaaS（Software as a Service）などの外部サービスに置き換える手法。主にバックオフィス系業務など、自社の競争力に影響がある差異化領域ではない部分に対して適用する。これにより、情報システム運営に必要なリソースの削減を見込む。

　制度対応・法改正対応などに必要な改修は、パッケージ製品やクラウド事業者側で随時行われる。そのため、一から自前で作るよりもトータルでコストが安くなる可能性が高い。

　ただし、パッケージ製品や SaaS の導入前には、自社側で業務の見直しを行うことが前提になる。パッケージ製品を業務に合わせようとすると大規模なカスタマイズが発生し、結局、高コストになってしまう。基本的に業務をパッケージ製品やクラウドに合わせ、必要に応じて最小限のカスタマイズをすることが、リプレース手法における肝である。

〔5〕リビルド

　スクラッチで一から作り直す手法。9-1 で述べた、老朽化・肥大化・ブラックボックス化などのレガシーシステムの課題を根本的に解消できるが、大規模なリソース（予算・要員）が必要となる。そのためリビルド手法は、リソース投入に見合うだけの価値があるシステムに適用すべきだ。つまり、自社の競争力の源泉となるような事業戦略上の差異化領域、かつビジネスの変化への対応スピードが求められる領域に限って適用する。

　近年はリビルド先として、オンプレミスのサーバー上だけでなくクラウドも選択肢になり得る（クラウドの詳細は第 4 章を参照）。

また、レガシーシステムは大規模になりがちなため、全体を一気に再構築するのは難しいことが多い。実際にリビルドをする際は、システムの一部機能を分割して先に再構築するなど、段階的に進めた方がよい。

脱レガシー効果が大きいほど人手とコストが掛かる

　レガシーシステムの刷新手法をまとめると、**図表 9-2** の通りとなる。レガシーシステムの課題を解消する脱レガシー効果は、〔1〕リインターフェースが最も小さく、〔5〕リビルドが最も高い。ただし、対応に必要な予算・要員・期間も、同様に〔1〕から〔5〕へと段階的に多くなっていく。

　なお、レガシーシステムへの対応手法としては、そのほかにリファ

No.	手法	概要	基盤 (ハードウエア、OS、ミドルウエア)	アプリケーション (言語、ロジック)	業務要件 (業務仕様、プロセス)	脱レガシー 効果
1	リインターフェース	既存資産を生かしインターフェース部分のみ刷新	変更なし	変更なし もしくは軽微	変更なし	小
2	リホスト	プログラムは変えずハードウエアを刷新	変更あり	変更は軽微	変更なし	
3	リライト	機能は変えず別の言語でシステムを再構築	変更あり	変更あり	変更なし	
4	リプレース	既存パッケージやSaaSなどの外部サービスに置換	変更あり	変更あり	変更あり	
5	リビルド	スクラッチで一から作り直し	変更あり	変更あり	変更あり	大

SaaS: Software as a Service

図表9-2　レガシーシステムの刷新手法

クタリングやリドキュメントがある。リファクタリングはプログラム
の機能や動作は変えず、コードの内部構造を整理すること。リドキュ
メントは現行システムのドキュメントを整備することだ。これらは
一般的なレガシー対策手法ではあるが、DX のためにスピードとア
ジリティーを重視する環境を再構築する選択肢としては効果が薄
い。そのため、本書では省略している。

　次の 9-3 では、レガシーシステムの刷新手法をどう決めたらいい
か、具体的な手順を紹介する。

9-3　刷新の対象システムと手法の選定

調査結果とチャートで決める
レガシー刷新対象・方法

　9-2 で、レガシーシステム刷新のための 5 種類の手法を紹介した。実際にどの手法を採用するかは、システムの状況や目的、制約条件によって異なる。9-3 では刷新対象や刷新手法の選定について、どのように進めるか詳しく解説する（**図表 9-3**）。レガシーシステムを刷新する際は、「〔1〕刷新対象の選定」「〔2〕刷新手法の選定」という大きく 2 つのステップを経る。順番に見ていこう。

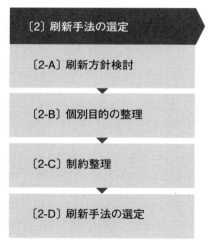

図表9-3　レガシーシステム刷新の進め方

〔1〕刷新対象の選定

　まず企業の情報システムの中で、どのシステムをレガシーと捉え
て刷新対象にすべきかを整理する。既に刷新対象のシステムが明確
な場合は、この過程は省略して「〔2〕刷新手法の選定」に進んでか
まわない。

〔1-A〕全体目的の整理

　レガシーシステムを刷新する、全社的な目的を明確にしておく。
例えば「企業全体として DX を推進するためにレガシーシステムを
刷新しアジリティーを獲得したい」「企業全体で情報システムのコス
トを削減するため、保守費用を減らしたい」といった目的が考えら
れるだろう。

〔1-B〕刷新候補の洗い出し

　〔1-A〕で設定した目的に合わせ、企業の情報システムの中で刷新
候補となる対象を洗い出す。検討スコープ（範囲）により、刷新候
補として検討すべきシステムの数や種類は変わってくる。自社シス
テム全体を対象にする場合もあれば、基幹系システムなど特定シス
テムに対象を絞ることもある。

　候補を洗い出す際は、〔1-A〕で決めた全社的な目的に沿って検
討する。例えばアジリティーを獲得したいなら、古くから稼働して
いるシステムや大規模なシステムが候補になる。保守費用を削減し
たいなら、年間の保守費用が高いシステムやホストコンピューター
（メインフレーム）を使っているシステムが候補になるだろう。

　なお、ひとたび〔1-B〕で刷新の対象外とされたシステムは、こ

の後の工程では「そもそもレガシーなシステムなのか」「対応が必要かどうか」の判定も行われない。本来は刷新対象とすべきシステムが〔1-B〕で漏れてしまわないよう、洗い出しは注意深く行う必要がある。

〔1-C〕レガシーアセスメントの実施

　刷新候補として洗い出されたシステムに対し、レガシーアセスメントを実施する。レガシーアセスメントは、システムのレガシー度を整理して「刷新すべきか／刷新は不要か」方針を固めるための手法のこと。

　レガシー度とは、「レガシーシステム特有の課題にどれだけ当てはまるか」「ビジネス部門（事業部門）からのシステムへの要求にどれだけ応えられているか」を数値化するものだ。レガシー度をチェックする際は、特に後者が重要である。言い換えると、システムに対してビジネス部門からの変更要求がほとんど無い場合は、刷新をしても得られるメリットは小さい。

　刷新の必要性や優先度を見定めるためには、今のシステムがどれだけ高コスト・複雑化・ブラックボックス化しているかだけでなく、どれだけビジネス部門の要求に応えられているかを把握することが重要だ。「レガシーな状態」とは、「現状と要求との間にギャップがある状態」と捉えるべきである。そのため、レガシーアセスメントは情報システム部門だけでなく、ビジネス部門側からも実施する。双方から、今のシステムに対する満足度や要求への対応度を把握しておく必要がある。

　レガシーアセスメントでヒアリングすべき項目の例を次ページの①、②に挙げた。例えば情報システム部門とビジネス部門それぞれ

に、下記の各項目に対して1〜5点で「そのシステムのレガシーらしさ」について点数を付けてもらう。このとき「ドキュメント整備が進んでいない場合は5点」といった具合に、システムがいわゆる「レガシーらしさ」を備える場合にスコアが高くなるようにヒアリング内容を用意しておく。また、記入者の主観によって評価が大きく変わる可能性もある。特定の項目について評価者ごとに点数が大きく異なる場合は、各記入者に点数の根拠をヒアリングしたうえで、必要に応じて点数の増減を行い全体でバランスの取れたスコアとなるように意識する。

①システムの現状（情報システム部門向け）
・現行システムの状況（規模、複雑度、ドキュメント整備状況、有識者の有無など）
・保守状況（改修頻度、改修期間、コスト、EOL、サポートの有無など）

②システムへの要求事項（ビジネス部門向け）
・現行システムへの満足度（機能、コスト、対応スピードなど）
・システムへの期待（機能、コスト、スピードなどで改善してほしいポイント）

〔1-D〕刷新対象の選定
　レガシーアセスメントの結果を受けて、システムごとのレガシー度を求める。まず、アセスメントの項目ごとに優先度（例えば「高：3点」「中：2点」「低：1点」など）を設定しよう。続いてレガシーアセスメントで得られた回答の点数と、優先度の点数を掛け合わせ

て合算することでレガシー度を算出する。

　レガシー度と並んで刷新対象の選定時に参考にすべきもう1つの要素が「ビジネス価値」だ。ビジネス価値は、「事業戦略におけるシステムの重要度」「システムが担う業務が差異化領域かコモディティー化した領域か」「廃棄時の業務への影響の大きさ」などを表す値のこと。ビジネス部門へのヒアリングを通じて算出する。具体的には、レガシー度の場合と同じように「1〜5点の点数化」並びに「優先度との掛け合わせ」でビジネス価値の値を求める。

　システムを刷新するかどうかは、ビジネス価値とレガシー度から決められる。「ビジネス価値が高く、レガシー度が高い」システム

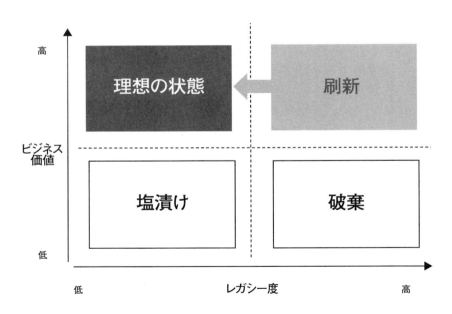

図表9-4　刷新対象選定の考え方

が刷新対象となるのだ。こうしたシステムは企業の競争力に関わるためビジネス部門からの変更要求も多いが、システム面での制約によりその要求に応えられていない可能性が高い。システムを刷新することで、ビジネス価値が高く、レガシー度が低い、理想の状態へと持っていく（**図表 9-4** の左上）。

　それ以外のシステムは、刷新対象外となる。最初から「ビジネス価値が高くレガシー度が低いシステム」は理想の状態なので刷新する必要がない（同左上）。また、「ビジネス価値は低いがレガシー度も低いシステム」は、刷新コストに比べて得られる効果は低いと見込まれるため、そのまま塩漬けとする（同左下）。「ビジネス価値が低くレガシー度が高いシステム」は業務の足かせとなるため、システムの破棄を検討した方がよい（同右下）。

〔2〕刷新手法の選定

　刷新対象のレガシーシステムに目星が付いたら、刷新手法を選定していこう。刷新手法は、全社のビジネス上の目的やレガシーシステムの刷新方針、システム上の制約を見てバランス良く選定する必要がある。

〔2-A〕刷新方針検討

　刷新対象のレガシーシステムごとに、企業としてどこまでの変更を許容するかを検討する。企業によってビジネス部門にヒアリングする部分もあれば、情報システム部門で検討する部分もある。整理が必要な項目の例を以下に挙げた。

●刷新方針（刷新のため、どこまでの変更を許容できるか）
・業務仕様の変更の有無
・プログラムの変更の有無
・システム基盤の変更の有無

　「業務仕様の変更の有無」はビジネス部門と情報システム部門で、業務の要件、プロセスの変更が許容できるかを検討する。「システム基盤の変更の有無」については、まず情報システム予算の中で保守費用がどの程度の割合を占めるかを確認しよう。保守費用が大きい場合は、システム基盤の変更によるコスト削減効果が大きいため「基盤を変更すべき」と判断する。保守費用が小さければ、システム基盤の変更は不要な可能性が高い。

　一方、「プログラムの変更の有無」の判断は他の2項目に比べて難しい。プログラムを改修する以上は、現状の問題点──例えばシステム改修に時間がかかるといった事象を解決できる見込みだと事前に示す必要がある。ところが、ある問題がプログラムの変更で本当に解消できるかどうか、簡単には判断できない。プログラム変更の有無について方針を定める前に、現行システムを分析して問題の解消に効果があるかどうかチェックする必要があるのだ。

　具体的には、CRUD（Create/Read/Update/Delete）図などをベースにシステム間の結合状態を分析していく。CRUD図は、システムが持つ機能と、その機能が扱うデータの関係（生成／参照／更新／削除）を示したもの。プログラム変更により密結合なシステムを疎結合へと改修できるか、システムの肥大化・複雑化が解消され、改修に伴う影響範囲が極小化できるかなどの見通しを立てる。

　レガシーシステムの場合、既存のCRUD図がないこともある。

その場合は現行のソースコードに対して、ツールを用いて分析を行う。以上の結果から、「プログラムを変更する価値があるか」を判断する。

〔2-B〕個別目的の整理

刷新対象のレガシーシステムに対して、個別の刷新目的を定める。「〔1-A〕全体目的の整理」で会社全体としての目的は整理したが、刷新対象の各システムが持つ課題に沿って、システムごとの目的も定めた方がよい。

1つのシステムに対して、複数の目的が求められることもある。その場合は、刷新によって達成したい状態の優先度（「高」「中」「低」の3段階など）を目的ごとに決めておこう。レガシーシステムの刷新目的として考えられるものを以下に挙げた。

- ・DX 推進
- ・保守期限切れへの対応
- ・ランニングコスト削減
- ・システムの可視化
- ・エンジニア確保
- ・アウトソーシング
- ・アジリティー獲得
- ・保守性の向上

〔2-C〕制約整理

レガシーシステムごとに、刷新に当たっての制約事項を整理する。これは、「企業としてレガシーシステム対応にどこまでリソースを

割くか」を検討するものと考えればよい。ビジネス部門へのヒアリングや、現在の社内において活用できるリソースの状況から以下の項目を整理する。

●制約（刷新にどこまでのリソースを捻出できるか）
・予算規模
・要員アサイン
・移行期間

　なおレガシーシステムの刷新、特に制約事項の確認には現行システムの有識者の参画が必須と考えよう。ただし、有識者は現行シス

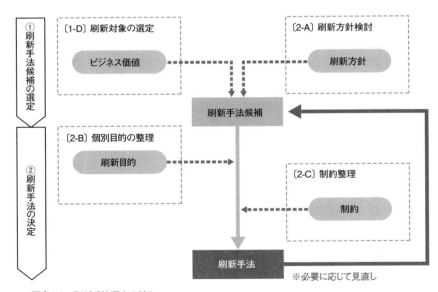

図表9-5　刷新手法選定の流れ

テムの維持管理や強化に時間を取られるため、レガシーシステムの刷新業務がなかなか進まないことも多い。有識者を早い段階から刷新の検討に巻き込み、会社としても有識者のリソースを調整して刷新向けの作業ができる環境を整えることが重要だ。

〔2-D〕刷新手法の選定

　刷新方針・個別目的・制約についての整理が終わったら、いよいよシステムの刷新手法を選定する。まずは刷新手法候補を選定し、その後でシステムごとの目的・制約を考慮しながら最終的に刷新手法を決定する。刷新手法選定の流れを**図表 9-5** に示す。

①刷新手法候補の選定

　刷新対象検討時に算出したビジネス価値および刷新方針から、刷新手法の候補を選ぶ。これがそのまま現実の刷新手法になるわけではなく、あくまで候補であることは念頭に置いておこう。

　刷新手法候補の選定フローは次ページの**図表 9-6** の通り。選定フローで条件の判断が明確にできない場合は、その条件より上位の手法が候補の選択肢となる。

　例えば刷新対象のシステムが「ビジネス上の差異化領域ではなく、業務変更が許容できない」場合は、リライト〜リインターフェースが取り得る刷新手法の候補となる。

②刷新手法の決定

　①で選んだ刷新手法候補と個別目的から、合目的性を確認する。刷新手法候補と個別目的が合致していない場合は、刷新手法の見直しを検討する。

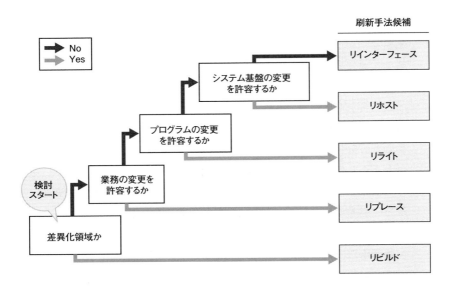

図表9-6　刷新手法候補の選定フロー

　例えば「刷新手法候補はリビルドとなったが、刷新の主目的が保守期限切れ対応」の場合、リホストが選択肢になり得る。最後に制約条件（予算・要員・期間）を確認し、刷新手法候補の実現可能性を検討する。一般に、図表9-6で下のほうに載っている手法ほど制約条件が厳しくなる。一番下のリビルドには、大規模な予算・要員・期間が必要だ。

　このように「刷新方針」×「刷新目的」×「制約」の３つを総合的に見て、最終的にシステム刷新手法をどれにするか判断する。３つの要素の整合性が取れていない場合は、方針・目的・制約の見直しを行う。必要に応じて経営層や上層部を巻き込んで方針・目的を再整理したり、制約を緩められないか交渉したりするとよい。

複数の刷新手法を組み合わせることも

　ここまで、単一の刷新手法を選定する際の考え方を説明してきた。しかし、実はレガシーシステムへの対応策は1つに絞る必要はない。特に、リビルドはレガシーシステムの課題を解決するのに非常に有効な手法だ。可能ならぜひ採用したい手法だが、対応に莫大な予算・要員・期間が掛かるので実現へのハードルは高い。こういったケースでは、複数の刷新手法を組み合わせる方法もある。

　例えば、最初はレガシーシステムがDXの足手まといにならないよう、リインターフェースで迅速に手当てを行うとよい。その後、レガシーシステムのリビルドに腰を据えて取り組む。または、まずは高額な保守費用をリホストにより削減し、活動の原資を得た後でリビルドに取り組む。このように、複数の手法を段階的に取り入れることも考慮に入れ、自社に合ったレガシーシステム刷新に取り組んでいこう。

第10章

組織編成と人材活用

10-1　DXに求められる組織機能

デジタル化ニーズに応える
5つの組織機能

　第1章〜第9章までは、DXのために企業の情報システムに必要なITアーキテクチャー（デジタルアーキテクチャー）とその構成要素を解説してきた。実際にDXを実行するには、論理的なデジタルアーキテクチャーだけでなく情報システムを動かす人々も重要である。そこで第10章では、デジタルアーキテクチャーを実現する組織・人材にどういった要件が求められるかを見ていこう。

不確実性の高い状況に耐え得る組織機能が必要に

　従来、情報システムに関わる組織は、あらかじめ明確に決まっているユーザーニーズに対応するために適切な品質・コストのIT化（デジタル化）を進めてきた。しかし、ビジネスを取り巻く情勢や顧客ニーズが刻々と変わる昨今では、こうした組織機能（組織として備える機能）だけでは事業に対応しきれなくなってきた。

　不確実性の高い状況に迅速に対処するための組織機能として、新たに確立が求められているのは以下の5項目である。

●デジタルビジョン構想
全社的なデジタル化の旗振り役として、デジタルビジョンを策定し、デジタル化の目標を定め、企業全体のデジタル戦略の方

向性を策定する機能。組織内にこの機能がないと、多数のデジタル化プロジェクトが「立ち上がってはうまくいかずに消える」のを繰り返してしまいがちだ。これを避けるためには、あらかじめ全社のデジタル戦略を策定して社内に周知し、それに沿って個々のデジタル化の企画を動かしていくことが重要である。

●デジタル事業創発
長期的な視点で自社が社会や生活者に提供できる価値を考え、その価値を反映したデジタルサービスを企画する。そして、そのサービスを実現するためのプロダクトを開発する。ユーザーの体験価値を最大化するため、楽しさ、快適さ、安心感、満足などを感じさせるユーザビリティーを備えたサービスを目指す。このような活動を迅速かつ柔軟に進めていくには、データ活用が重要な役割を果たす。

●既存事業のデジタル化
業務のデジタル化によって、既存事業の効率や品質を大幅に向上させる。一般に、このような社内向けのデジタル化は情報システム部門が担当している。経営・事業上の課題を解決するためのシステム改善の方針を作成し、適正な品質とコストで、可用性が確保されたサービスを提供する。

●デジタルアーキテクチャー・デザイン
デジタルサービスが稼働するための企業システム全体のデジタルアーキテクチャーを描く。企業ごとに異なるニーズや課題を洗い出し、古いシステムとの共存・連携も考慮しつつ、自社に

合ったデジタルアーキテクチャーを設計・構築・運用する。

●共通機能
デジタルサービスを提供するうえで必要となる、基盤のような
必須機能。すでに上で説明した 4 項目の機能すべてに共通して
必要となる。他社とのパートナーシップの推進（パートナリン
グ推進）、セキュリティーや AI（Artificial Intelligence、人工知能）
倫理の検討などデジタル化に伴うリスクの管理（デジタルリス
ク管理）、投資・コスト、人材などデジタル化に必要なリソース
の管理（デジタル投資・コスト管理、デジタル人材管理）など
の機能が挙げられる。

　リソース（経営資源）が有限である以上、全ての機能を一気に備
える必要はない。全社のデジタル戦略や個々のデジタル化プロジェ
クトの内容に合わせ、どの組織機能を強化するか検討すればよい。
ただし、より良いデジタルサービスを創出するには、これらの機能
をフル活用する必要がある。そのため、長期的には全ての組織機能
が必要になると考えよう（**図表 10-1**）。

デジタルアーキテクチャーに欠かせない2つの組織機能

　DX を支えるデジタルアーキテクチャーを構築するための機能が
「デジタルアーキテクチャー・デザイン機能」である。デジタルアー
キテクチャー・デザイン機能を構成する人材を獲得・育成するため
には「デジタル人材管理機能」も必要となる。この 2 つの組織機能
を設ける際のポイントや役割を、もう少し詳しく見ておこう。

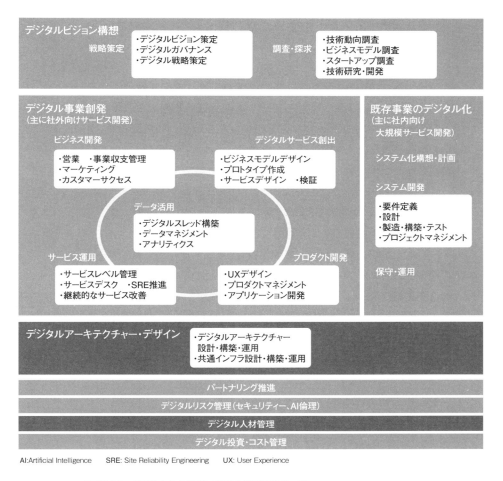

図表10-1　デジタル化の推進に必要な組織機能の一覧

デジタルアーキテクチャー・デザイン機能

　第 1 章で解説した通り、DX を実現するには社内向けの業務サービス中心の「コーポレート IT」と、社外の顧客向けサービス中心の「ビジネス IT」の両者の特性を考慮しつつ、うまく機能するデジタルアーキテクチャーが必要だ（1-1 を参照）。文字通り、こうしたデジタルアーキテクチャーをデザインするのがこの組織機能だ。あるコーポレート IT のシステムを設計するに当たっては、他方に位置するビジネス IT のシステムとの共存・連携を考慮する。

　デジタルアーキテクチャーは、例えば「最初はデータ分析基盤」といった具合に個別システムについて最適な設計を企画することもあれば、DX を進めていくに従って事業単位や全社で統一したものを設計する場合もある。いずれの場合も、デジタルアーキテクチャーの全体像を見据え、個々のアーキテクチャー同士が競合しないような考慮が必要だ。

　また、デジタルアーキテクチャー・デザイン機能は、第 1 章で「共通基盤」として紹介したコミュニケーション基盤、セキュリティー基盤、DevOps 基盤の 3 つについても設計・構築・運用を担う。

デジタル人材管理機能

　デジタル人材管理機能では、デジタル技術を活用してデジタルサービスを創出する人材（デジタル人材）を定義し、その獲得・育成・評価・処遇を行う。

　例えばデジタルアーキテクチャー・デザイン機能を担う人材なら、「デジタルサービスを実現するための最適技術と開発技法を選択し、システム全体の構造をデザインする」と定義する。デジタル人材は人材市場に潤沢に存在するわけではないため、十分な人材が確保で

きるよう、採用などの人材獲得の方法を工夫する。また、自社がデジタル人材にとって魅力的な企業になるように、各種デジタル人材の育成や評価・処遇などの制度や仕組みを整備する。マネジメント層や人材採用・育成担当部門が担う機能である。

10-2　DXを支える組織構成パターン

アーキテクチャー担当部署の設置形態4種類を押さえる

　10-1では、DXを進める際のデジタルアーキテクチャー・デザイン機能の重要性を紹介した。この組織機能は、企業内のどの部署に設置するのがよいのだろうか。10-2ではデジタルアーキテクチャー・デザイン機能の設置パターンと、そのポイントを解説する。

　デジタルアーキテクチャー・デザイン機能をどの部署に置くか判断する事は、実は経営の重要な役割である。設置する部署によってメリット、デメリットがあるため、自社の状況を見極めて適切な場所に配置する必要があるのだ。それによってDXがスムーズに進むか否かも変わってくる。

デジタルアーキテクチャー・デザイン機能の設置形態

　デジタルアーキテクチャー・デザイン機能の基本的な設置形態には、「社長直下集約型」「各事業分散型」「IT部門内在型」「プロダクトチーム型」という4タイプがある（**図表 10-2**）。10-1で紹介したデジタルビジョン構想、デジタル事業創発、既存事業のデジタル化といったDXの推進業務を担う組織（DX推進組織）が企業のどこに位置するかと併せて、4タイプの特徴を順番に見ていこう。

　なお、図表10-2では社内業務向けサービスを中心としたコーポレートITの技術を担当する組織を「従来IT」としている。「従来

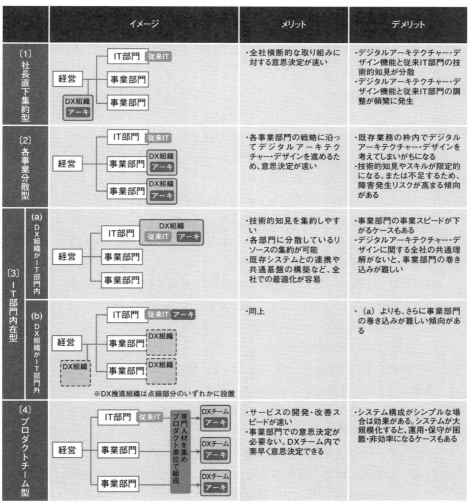

		イメージ	メリット	デメリット
〔1〕社長直下集約型			・全社横断的な取り組みに対する意思決定が速い	・デジタルアーキテクチャー・デザイン機能と従来IT部門の技術的知見が分散 ・デジタルアーキテクチャー・デザイン機能と従来IT部門の調整が頻繁に発生
〔2〕各事業分散型			・各事業部門の戦略に沿ってデジタルアーキテクチャー・デザインを進めるため、意思決定が速い	・既存業務の枠内でデジタルアーキテクチャー・デザインを考えてしまいがちになる ・技術的知見やスキルが限定的になる。または不足するため、障害発生リスクが高まる傾向がある
〔3〕IT部門内在型	(a) DX組織がIT部門内		・技術的知見を集約しやすい ・各部門に分散しているリソースの集約が可能 ・既存システムとの連携や共通基盤の構築など、全社での最適化が容易	・事業部門の事業スピードが下がるケースもある ・デジタルアーキテクチャー・デザインに関する全社の共通理解がないと、事業部門の巻き込みが難しい
	(b) DX組織がIT部門外	※DX推進組織は点線部分のいずれかに設置	・同上	・（a）よりも、さらに事業部門の巻き込みが難しい傾向がある
〔4〕プロダクトチーム型			・サービスの開発・改善スピードが速い ・事業部門での意思決定が必要ない。DXチーム内で素早く意思決定できる	・システム構成がシンプルな場合は効果がある。システムが大規模化すると、運用・保守が困難・非効率になるケースもある

アーキ：デジタルアーキテクチャー・デザイン機能　　DX組織：DX推進組織　　DXチーム：DX推進チーム
従来IT：従来の情報システム部門の機能

図表10-2　デジタルアーキテクチャー・デザイン機能の設置形態

IT」はDX以前から存在する情報システム部門のそもそもの役割として規定されていることが多い。図中で「従来IT」の場所は、基本的には情報システム部門の配置場所と同じと考えてよい。

〔1〕社長直下集約型

経営（社長）の直下や全社横断のDX推進組織の中にデジタルアーキテクチャー・デザイン機能を設置する型である。デジタルアーキテクチャー設計、共通インフラ設計において、全社横断的な意思決定が速い点がメリットである。

デジタルサービスの開発は「ユーザーからのフィードバックを受けては改善する」プロセスを繰り返して成長するため、ユーザーの目に見える箇所の改善や、ユーザー体験価値の向上といった個々の機能の実装にとらわれがちだ。だがデジタルアーキテクチャーを設計・構築する際は、第1章で述べたように全社視点に立って考えることが重要である。その全社的な視点を強化するのに向いているのが、「社長直下集約型」の設置形態だ。

なお、この設置形態は経営層がデジタルアーキテクチャー・デザイン機能の重要性を十分に理解していない場合にも有効だ。「会社全体としてDXを進め、デジタルアーキテクチャーについても全体最適の考え方に基づいて進める」旨を、経営層に向けて改めて打ち出すことができる。

一方で、「従来IT」を含む情報システム部門とDX推進組織が離れているため、両者の技術的知見は分散しがちだ。また、既存のITアーキテクチャーとの整合性を確保する際、情報システム部門との間で調整負荷が高まるといった懸念もある。

〔2〕各事業分散型

　事業部門ごとに DX 推進組織を設け、その中にデジタルアーキテクチャー・デザイン機能を設置する型である。事業部門ごとに個別サービスを構築する場合などに、この設置形態を選択する。

　事業ごとの戦略に沿ってデジタルアーキテクチャー・デザイン機能が働くため、事業部門内のデジタル化に関しては意思決定が速い点がメリットだ。

　ただし、この設置形態でもたらされるデジタルアーキテクチャーは、既存業務や特定のサービスに特化したものになりがちだ。要員や各種リソースが事業部門ごとに個別最適化されてしまうため、全社的な視点で見ると必ずしも効率的ではない。

　デジタルアーキテクチャーは全社横断的な視点で見た際、重複する機能や処理がないシンプルな構成になっているのが望ましい。「各事業分散型」では全社的な責任を持って横断的な視点でデジタルアーキテクチャーを検討する組織がないため、全体最適化されたシンプルなシステムを構築するのが難しい可能性がある。

　また、限られたデジタル人材が事業部門ごとに分散してしまうと、各事業部門で扱うデジタル技術が限定的になったり、切磋琢磨してスキルを向上する機会が減ってしまったりする。その結果、技術的な知見やスキルが不足して、障害発生リスクが高まる傾向にある。さらに、事業部門はプロフィットセンターの位置付けであるため、R&D 投資をしてデジタル技術を試すことが難しいケースもある。

〔3〕IT部門内在型

　このタイプの設置形態は、DX 推進組織とデジタルアーキテクチャー・デザイン機能の位置関係によってさらに 2 種類に分かれる。

(a)DX推進組織がIT部門内

　「従来IT」を担当していた情報システム部門の中にDX推進組織を設け、そこにデジタルアーキテクチャー・デザイン機能が含まれる形だ。情報システム部門とDX推進組織、デジタルアーキテクチャー・デザイン機能の間で先端技術に関する知見を集約しやすいという特徴がある。そのほか、各部門に分散しているリソースを集約できる点や、共通基盤の構築・セキュリティー対策・既存システムとの連携について全体最適化がしやすい点もメリットだ。第1章で紹介したようなコーポレートITとビジネスITを連携させつつDXを進めるには、DX推進組織とデジタルアーキテクチャー・デザイン機能の両方を情報システム部門に任せるのが得策だという考え方ともいえる。

　一方、事業部門から見ると、「〔2〕各事業分散型」のように事業部門ごとにデジタル化を検討するケースに比べて、システムの構築・運用・改善のスピードが下がるケースもある。さらにデジタルアーキテクチャー・デザイン機能の重要性について全社的な理解が進んでいないと、新サービスの開始時などに事業部門を巻き込むのが難しくなる。

　また、ビジネスITとコーポレートITでは開発手法や必要な技術領域が異なる。そのため、情報システム部門内に複数の価値観が併存し、混乱を招く可能性がある。例えば、コーポレートITでは月単位・年単位の機能改修も珍しくないが、ビジネスITのサービスは頻繁なアップデートが当たり前だ。そのため、情報システム部門内の既存チームに新たなミッションを付与するのは避け、「新しいチームを作り、徐々にビジネスIT向けのスキルを蓄える」「新旧チームで人材交流し、価値観を共有し合う」などの工夫が必要となる。

（b）DX推進組織がIT部門外

　DX 推進組織は社長直下あるいは事業部門に設置され、デジタルアーキテクチャー・デザイン機能のみ情報システム部門が担う型である。メリットに関しては「(a) DX 推進組織が IT 部門内」と同等と考えてよい。デメリットについては、(a) よりもさらに事業部門の巻き込みが難しくなる傾向が出てくる。また、DX 推進組織とデジタルアーキテクチャー・デザイン機能が別の部署に置かれているため、全社横断的な意思決定が難しい。この (b) のケースについては、ある運輸業 A 社の例を紹介する（10-2 の最後に紹介する別掲記事を参照）。

〔4〕プロダクトチーム型

　1 つの組織の中で、その組織の所属者だけでデジタルアーキテクチャー・デザイン機能のチームを編成するのではなく、事業部門・情報システム部門などの複数の組織から人材を切り離して集め、プロダクト単位でのチームを作る。デジタルアーキテクチャー・デザイン機能は、プロダクトごとにチームとして設置される。

　プロダクトに特化したチームができるため、デジタルサービスの開発・改善のスピードが速くなる。また、各事業部門での意思決定は省略され、プロダクトの開発について個々のチームで素早く判断できる点もメリットだ。日々のアップデートが前提となるデジタルサービスにはスピードとアジリティーが求められるため、こうしたプロダクトチーム型と相性が良い。

　10-1 で述べたように、デジタルアーキテクチャーは個別システムに適した設計をする場合もあるし、DX を進めていくに従って事業単位や全社で統一したものを設計する場合もある。そのため、すべ

ての開発をプロダクトチーム型で実施する必要はない。

　プロダクトチーム型は、特に顧客評価に応じてサービス改善を行うサービスのフロント領域、新規ビジネスの立ち上げ時などに有効だ。一方、システム開発の規模が大きくなると、情報システム部門と調整しつつ共同のチームを組成するといった工夫が必要になる。

　またプロダクトチームを組成しても、プロダクトごとに機能重複があっては全体としてうまくいかない。プロダクトチームが効果を発揮するのは、プロダクト単位でシステム機能を実現できており、かつ類似機能や処理を排除したシンプルなシステム構成を実現している場合である。

設置形態の選び方、ポイントを3つに整理

　実際に設置形態を選ぶ際には、以下の3点に注目するとよい。

①全社的な DX 推進が必要か
②デジタルアーキテクチャー・デザイン機能の重要性を経営層
　が認識しているか
③システム構成がシンプル、かつ情報システム部門でデジタル
　アーキテクチャー・デザイン機能が十分に遂行されているか

　まず、「①全社的な DX 推進が必要か」を確認しよう。必要な場合は、「各事業分散型」は適切でないので選択肢から外す。一方、「事業部門に、既存事業の枠外も含めたデジタルアーキテクチャーを検討できる能力がある」「すでに全社で統一したデジタルアーキテクチャーが備わっている」場合などは「各事業分散型」を選ぶとよい。

　①で全社的な DX 推進が必要だと分かったら、次に「②デジタルアーキテクチャー・デザイン機能の重要性を経営層が認識しているか」を考えよう。認識していない場合は、「社長直下集約型」にして、会社として DX のための全体最適化を進める方針を打ち出すことが重要である。特にこれまでコーポレート IT が中心だった企業がビジネス IT に対応する場合は、この型を選択することで全社の意識改革が進む。その一方で、「従来 IT」を担当する情報システム部門との間で情報が分断されないように、両方の組織の兼務を設けたり、定期的な意見交換・情報共有の場を持ったりするとよい。両者の方向性を合わせながら DX を進めていく必要がある。

　経営層がデジタルアーキテクチャー・デザイン機能の重要性を十分に理解している企業は、「IT 部門内在型」を選ぶとよい。全社のリソースを集中できるメリットは大きいためだ。なかには、経営層の理解が不十分なまま「IT 部門内在型」を取ってしまっている企業も多い（次ページの A 社の事例を参照）。その場合は、DX 推進に事業部門を巻き込むため、情報システム部門が繰り返し経営層に働きかける必要がある。外部から強力な DX 推進者を招聘するといった手も有効だ。とにかく、経営陣にデジタルアーキテクチャー・デザイン機能の重要性を理解してもらうことが肝心である。

　「IT 部門内在型」をしばらく運用した結果、システム構成がシンプルかつデジタルアーキテクチャー・デザイン機能が十分に働いているなら、段階的に「プロダクトチーム型」を取り入れるとよい。

デジタルアーキテクチャー・デザイン機能の設置例
〈運輸業の A 社の場合〉

　新しいデジタルサービスを継続的に世に出し続けている運
輸業・A 社の事例を紹介する。図表 10-2 における「〔3〕IT
部門内在型、(b) DX 推進組織が IT 部門外」のケースだ。
A 社は経営層がデジタルアーキテクチャー・デザイン機能を
十分に理解せず、単純に「AI や IoT などのデジタル技術は、
これまで情報システム部門が扱ってきた情報技術の範囲であ
る」という理由だけでこの型を取ってしまっていた。

　A 社はかつて顧客向けサービスにおいて、通信を制御する
システム設計のミス、並びにプログラムの不具合などの多重
障害を引き起こし、数億円規模の損害を被った。その数年
後にも同様の多重障害を引き起こし、新たに数億円規模の
損害を被った。主な原因は、各事業部門が業務システムごと
に最適なデジタルアーキテクチャーを採用してきた結果、シ
ステム全体が複雑化してしまったからである。障害発生時の
影響範囲の特定や根本原因の把握に多大な時間を要するよ
うになり、ハードウエアの維持管理やアプリケーション保守
を行う際にも、影響範囲の分析やテストに多大な時間と労力
を費やす状態となっていた。

　A 社の経営層は IT リスクが経営リスクに直結することを
頭では理解していたものの、実際に経営上の課題としてリス
クの解消に取り組むまでに至っていなかった。A 社の情報
システム部門も顧客サービスを支えるシステム全体が複雑化

した状態を把握してはいたが、そのリスクと影響の大きさを経営層に十分に説明できないでいた。

　しかし、2度の障害を目の当たりにしたA社の経営層はいよいよデジタルアーキテクチャーに関わるリスクの大きさを実感し、最重要経営課題として対応を開始した。情報システム部門は様々なステークホルダーと調整しつつ、顧客サービスを提供するデジタルアーキテクチャーを数年かけて設計・構築していった。ステークホルダーとの調整は情報システム部門単独では難しい場面もあったことから、経営陣が組織の垣根を越えて調整に入った。

　A社の例を見ると、経営層のデジタルアーキテクチャー・デザインに対する理解が足りない場合は、まず「社長直下集約型」を取って全社的にDXに取り組む方向性を打ち出す必要があると分かる。経営層の理解が足りないままあえて「IT部門内在型」を取る場合は、「社長直下集約型」のDX推進組織、デジタルアーキテクチャー・デザイン機能と同等の役割と権限を情報システム部門に持たせる必要がある。

10-3　必要な人材像とその獲得方法

人材の定義・採用だけでなく
魅力的な職場の維持も重要

　10-3 では、10-1、10-2 で紹介した組織を構成するデジタル人材の実態と、その育成・獲得方法を紹介する。

　デジタル人材は簡単に確保できるものではない。経済産業省は「平成 30 年度我が国におけるデータ駆動型社会に係る基盤整備」（IT 人材等育成支援のための調査分析事業）で 2025 年に約 36.4 万人の先端 IT 人材が不足すると推計している（生産性上昇率を 0.7%、IT 需要の伸びを「中位」と仮定した試算）。日本情報システムユーザー協会（JUAS）と野村総合研究所が共同で実施した「デジタル化の取り組みに関する調査 2020」では、デジタル人材を具体的に採用・育成している企業は約 3 割にとどまるものの、計画策定中までを含めると 7 割を超える。また同調査において、「外部のサポートを受けつつもデジタル人材を自社内で育成する」と考える割合は 8 割を超えていた。デジタル人材不足の時代にあって、企業が人材育成・獲得の枠組みを急ピッチで整備している様子が分かる。

組織機能ごとに必要な人材を定義

　デジタル人材の育成・確保に当たっては、まず自社の戦略に沿って必要な人材を定義することから始めるとよい。10-3 では 10-1 で述べた「デジタル化の推進に必要な組織機能」を参照しつつ、必要

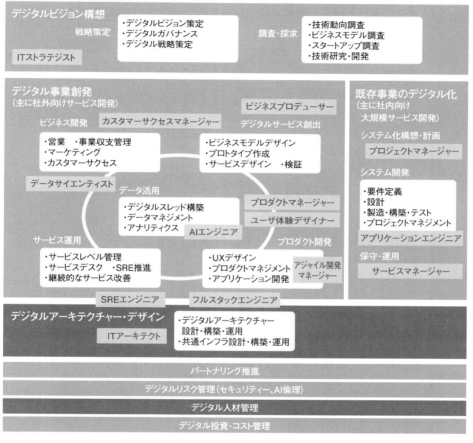

図表10-3　組織機能ごとに必要な人材

な人材を見ていこう（**図表 10-3**）。

　まず「デジタルビジョン構想」領域を担うのが、他社のビジネス
モデルなどを調査し戦略を策定する「IT ストラテジスト」である。

　「デジタル事業創発」領域を担うのは、デジタル技術を活用してデジタルサービスを創出する「ビジネスプロデューサー」や「プロダクトマネージャー」などである。

　「既存事業のデジタル化」領域を担うのが、システム化構想・計画からシステム開発・保守・運用を行う「プロジェクトマネージャー」「アプリケーションエンジニア」などである。

　「デジタルアーキテクチャー・デザイン」領域を担うのが、システム全体の構造をデザインする「IT アーキテクト」である。「SRE エンジニア」や「フルスタックエンジニア」も部分的にデジタルアーキテクチャー・デザイン領域を担う。

　理解を深めるため、デジタルアーキテクチャー・デザイン領域を担う人材の定義をもう少し詳しく紹介しておこう。10-3 では、こうした人材を「アーキテクチャー人材」と呼ぶ。

ITアーキテクト

　IT アーキテクトの役割は、デジタルサービスを実現する最適技術と開発手法を選択し、システム全体の構造をデザインすることだ。

　求められるスキルは、デジタルサービスの提供を支えるシステム開発の現場経験である。システム基盤やアプリケーションを設計・検証・実装するスキルが必要となる。スピードとアジリティーを備えたデジタルサービスを提供するために、利用者の視点を持ちつつ、全体最適と個別最適のバランスを維持するスキルが重要である。さらに事業継続のため、情報システム基盤を維持・管理するという危機管理意識を強く持たなければならない。

　行動特性として主に求められるのは、技術情報や成功事例を収集する姿勢である。また、IT アーキテクトは事業部門とのやり取り

が多く発生する。そのため事業部門と衝突を恐れずに対話し、両者が納得するまで議論する心構えを持つことも重要だ。議論するうえでは、デジタルアーキテクチャーの一貫性と、全体最適と個別最適の境界を判断する客観性を持つ必要がある。

SREエンジニア

　SREエンジニアの役割は、障害の未然防止や障害対応の迅速化のため、システムの構築・運用・障害対応を自動化することだ。それとともに、サービス全体のパフォーマンスや信頼性、リソース利用の効率性を向上させる役割も担う。システムの変更管理、モニタリング、緊急対応、キャパシティープランニングにも責任を持つ。

　求められるスキルは、非機能要件やそれを実現するデジタルアーキテクチャーを設計するスキルである。従来の運用要員に比べて、求められるスキルの幅は広い。主な必要スキルを下に挙げた。

- ソフトウエアエンジニアとしてプログラミングスキルを保持している
- ネットワークやサーバーなど、ITインフラ環境をクラウドサービスや運用ツールを活用して構築・維持管理できる
- 複数のDevOps体制向けに共通の運用サービスを提供し、標準化を推進できる
- 複雑なリリース作業の本質を理解してテスト・リリースの仕組みを簡素化できる
- 障害の根本原因分析や是正策検討といった2次対応を率先して実行できる
- 運用統制を理解し、システムに組み込める

　行動特性として求められるのは、サービスの品質改善にこだわりを持っていることである。必要ならソースコードをどこまでも探り、トラブルなどの原因を追究する粘り強さも必要である。

フルスタックエンジニア

　フルスタックエンジニアの役割は、新技術やクラウドサービスと、いわゆる「従来IT」を結び付け、デジタルサービスのプロトタイプ開発・実装・リリース・改良を素早く実施することだ。

　フルスタックエンジニアは開発規模やチームメンバーの数によって役割を分担する。例えば大規模かつチームメンバーにフルスタックエンジニアが複数いる場合は、1-2で紹介したチャネル層、UI/UX層、デジタルサービス層を中心とする「フロント領域」、サービス連携層、ビジネスサービス層、データサービス層を中心とする「バックエンド領域」、データプロバイダー層、共通インフラを中心とする「インフラ領域」に分かれて業務を担当する。

　求められるスキルは、「開発から運用まで」「システム基盤からアプリケーションまで」といった具合に、複数の業務やソフトウエアのレイヤーに幅広く対応するスキルだ。フルスタックエンジニアは1人で何役もの役割をこなすため、自身が担当している業界で使用頻度の高いプログラミング言語の知識、ミドルウエアに位置付けられる技術の知識、クラウドに関連する知識の獲得は必須となる。習得する知識が多岐にわたるため、既存事業で多く使われている技術だけでなく、今後スタンダードになり得る技術を見極めるスキルが重要だ。

　行動特性として主に求められるのは、スピード重視の姿勢である。技術進化の激しいDX時代にフルスタックエンジニアとして活躍し

続けるためには、分からないことは徹底して調べ、聞き、進んで仕事を巻き取り、業務外でも常に情報をインプットし続ける必要がある。そういった労力を惜しまない素養を持ち、面白がる力・好奇心を持つことが大切である。加えて、特に Web サービスなどで直接ユーザーが触れる部分を構築する「フロント領域」の人材は、ユーザーニーズが日々変わる中で多くの試行と失敗を重ねながら、新たな「学び」を得てサービスに反映させていく必要がある。そのため、失敗を恐れない姿勢が重要だ。

アーキテクチャー人材獲得のための採用活動のポイント

企業がアーキテクチャー人材（IT アーキテクト、SRE エンジニア、フルスタックエンジニア）を獲得する場合、「社外からの獲得」と「社内での育成」の 2 つの方法が考えられる。

非 IT サービス企業では、社内で十分なアーキテクチャー人材をそろえられるケースは少ない。社外からの獲得に頼ることになるだろう。社外からの獲得方法としては、エンジニアの中途採用や企業買収がある。とはいえ現実には、人数ボリュームが数十名に満たないアーキテクチャー人材を獲得するために、企業買収を選択する企業はまれだ。多くの企業は、即戦力となるエンジニアを社外からの採用で獲得している。例えば建築材料・住宅設備機器大手の LIXIL では、複数ベンチャーでインフラエンジニアとしてキャリアを積んだ専門家を獲得し、その専門家がデジタルアーキテクチャー全般を統括している。

今後、社外からデジタルアーキテクチャー人材を獲得する動きはさらに加速するだろう。SNS やその他メディアを通じて自社の DX

への取り組みを伝えたり、ダイレクトリクルーティングを実施したりといった、従来とは異なる採用方法でのアプローチも増えてくると考えられる。

　アーキテクチャー人材を新卒で獲得することは難しく、中途採用になる可能性が高い。企業は中途向けの採用活動に当たって、制度面以外でも自社をアピールする必要がある。例えば「IT関連産業の給与等に関する実態調査結果」（2017年、経済産業省）によると、転職時の重視ポイントの上位5つには「給与・報酬」「ワークライフバランス」といった制度面のほか、「仕事のやりがい・面白さ」「自分のやりたいことができるかどうか」「企業の雰囲気・人間関係」が入っている（**図表10-4**）。

　仕事のやりがいなどについては自社の技術ブログで技術や開発手法を紹介するなど、WebサイトやSNSなどのメディアを活用する手もある。企業の雰囲気・人間関係については、「LinkedIn」の活用によって転職者が興味を持つ技術を確認したり、オープンソースソフトウエア開発への参加などを通して、自社に雰囲気がマッチするかチェックしたりするのも有効だ。

　人材採用に当たっては、エージェント（転職仲介サービス）を活用するのも有効だ。

　ある大手企業・B社の例を見てみよう。B社は、IT人材採用の売手市場の中、複数の転職エージェントとやり取りして地道に優秀な人材を発掘している。転職エージェントはそれぞれ保有する人材データベースが異なるため、B社では、常に5社程度とコンタクトを取っている。採用にとって必要な情報を惜しまず転職エージェントにインプットし、最低でも週に1度は転職者の状況を確認するなどコンタクトの頻度も高い。転職者と面談する場合は、面接ではな

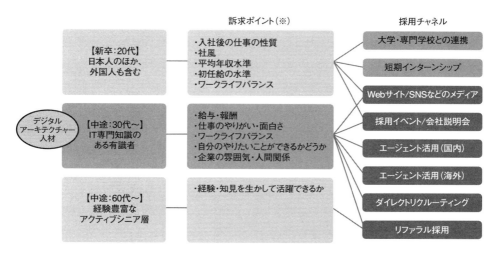

※20代・30代は、経済産業省が2017年に公開した「IT関連産業の給与等に関する実態調査結果」の「新卒入社時と転職時の
　重視ポイントの比較」上位5項目を参考にまとめた

図表10-4　中途採用、新卒採用で求職者に訴求するポイント

く、お互いが両者を知ることを目的として時間を掛けて意見交換を
する。採用スピードが遅いと他社に取られてしまうため、自社に興
味を持った人材であれば、「面談当日に内定もあり」といったスピー
ド重視の対応をしている（次ページの**図表 10-5**）。

　そのほか、DX 先進企業では、全社で統一した明確なデジタルビ
ジョンを掲げているところもある。このデジタルビジョンを基に自
社の独自性や存在価値を交えた「採用コンセプト」を発信し、これ
に共感した人材の入社を促す。採用側と応募側のミスマッチを減ら
すのに有効な手段といえるだろう。

　ここまで企業側の視点で説明してきたが、転職者の立場から見て
も有用な点がいくつかある。まず企業のデジタルビジョンを参考に

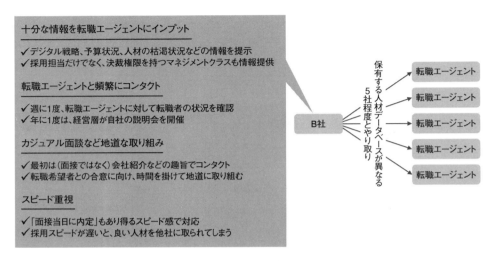

図表10-5　B社の転職エージェント活用例

チェックし、自分に合った企業を判断するとよい。また、転職エージェントは複数利用するとよいだろう。20代・30代の若手社員やエンジニアなどが中心に利用している「Wantedly」などの転職サイトを活用するのも手だ。面談だけでなく、興味ある企業の担当者との意見交換会や、人脈ネットワークの構築なども転職活動として有効そうだ。

アーキテクチャー人材の成長

　アーキテクチャー人材は、社外からの獲得に頼るのが現実的である。しかし、自社の文化や歴史的背景を踏まえ、社内での育成を選ぶ企業もある。その場合、OJT（On-the-Job Training）で知識を

習得するだけでなく、「自社内で高スキルを備えた人材からの指導を受ける」「他企業での体験を積む」という2つの育成方法を実施するのがよい。

　「自社内で高スキルを備えた人材からの指導を受ける」場合、教師役の人材から繰り返し指摘を受けつつ、教師役が現場で物事にどう対応するかを見て知見を得る。デジタルアーキテクチャー設計・構築・運用のサイクルをこなし、教師役の人材から成果物レビューを受けるうち、生徒側だった人材も「デジタルサービスを実現する際の問題の整理、改善に至るプロセスについて、自分の経験を元に指導できる」ように成長していく。教師役の人材は、技術力の高い上役や経営層が中心となる。外部ベンダーに情報システムの大部分を任せている企業は、提携企業の人材や外部コンサルタントを活用することも選択肢となる。

　「他企業での体験を積む」場合、システムインテグレーターやデジタルサービスを提供するベンチャー企業に行くとよい。そこでデジタルアーキテクチャー設計・構築・運用を一通り体験することで成長していく。自社と関係の深い企業でなければ実現は難しいため、取引先に出向するなどの形を取ることになるだろう。

　アーキテクチャー人材として育成される対象は、常日頃から従来システムに対する全体最適化を検討していたり、AIやIoTなどのデジタル技術を扱ったりしている「従来IT」の設計・構築・運用の経験のある情報システム部門の人材が適任だ。

　そのほか、情報子会社の役員を本社のITアーキテクトとして迎え入れるケースもある。情報子会社で長年システム開発・保守・運用を担ってきた人材であれば、「従来IT」は熟知しているという判断である。

デジタル人材が活躍できる魅力ある企業へ

　先述の通り、デジタル人材は仕事にやりがいや面白さを求める。例えば独立行政法人情報処理推進機構（IPA）が 2020 年に公開した「デジタル・トランスフォーメーション（DX）推進に向けた企業と IT 人材の実態調査」では、先端 IT 従事者のうち「業務上必要な内容があれば、業務外（職場以外）でも勉強する」割合は53.2%、「業務で必要かどうかにかかわらず、自主的に勉強している」割合は 20.6% だった。約 4 人に 3 人が業務外で勉強していることが分かる。デジタル人材は進んで最新技術を学び、常に好奇心を持ち、デジタルサービスの不確実性や変化を楽しむ素養を持っている。デジタル人材を確保するには、こうしたタイプのエンジニアに魅力を感じてもらえる企業でなければならない。そのためには、企業の情報発信やマネジメント面でいくつかのポイントがある。

デジタルビジョンによるワクワク感の醸成

　自社サイトや技術ブログなどで、自社のデジタルビジョンを積極的に発信することが優秀な人材の呼び込みや獲得につながる。このとき社会や生活者、業界に対して、自社は何を達成しようとしているのかを訴え、自身の貢献が世の中に大きなインパクトを与えられる「ワクワク感」を醸成することが重要である。

　例えばメルカリのエンジニア向けポータルサイト「Mercari Engineering」では、メルカリエンジニアチームの文化や技術情報を、同社の実際の取り組みを交えて公開している。こうした記事はデジタルビジョンの抽象的な内容を生々しく、実感を持って伝える効果がある。

技術を探求できる職場であることをアピール

　デジタル人材は、常に最新技術を学び、自身に取り入れる好奇心を持っている。それを支援する仕組みを自社に備えるとともに、社外にアピールするのが重要だ。例えば Gunosy（グノシー）、クックパッド、サイバーエージェント、ディー・エヌ・エー（DeNA）などの企業は、ブログで自社技術や開発手法を開示し、「積極的に技術探求を推進する職場であること」をアピールしている。特に技術力の高いマネージャー層や経営層がいる職場はデジタル人材の興味を引くため、積極的にバイネームでアピールすべきだ。

　技術を習得するカンファレンスに業務として参加することを認めたり、誰でも気軽に参加できる勉強会を主催して新しい技術に触れるチャンスを設けたりするのも有効だ。講演・レポートなど対外発表の機会を後押しする、社内に技術認定制度の仕組みを設けるなどの施策も、デジタル人材のモチベーションとなる。技術探求に向けて企業がどれだけ積極的に取り組んでいるかをアピールすることが重要である。

評価・処遇の適正化

　従来の硬直的・固定的な人材マネジメントでは、デジタル時代の変化に応じた柔軟な人材配置・処遇ができない。デジタル人材から選ばれない企業になってしまう。そのため、年功序列ではなく役割や責任の大きさに応じた給与を提供することが重要だ。エンジニアの市場価値を調べ、それに見合った給与水準を設定することも必要である。

　制度面で、「組織マネジメント職」だけでなく「高度な専門知識人材」のポジションを用意するなどして、専門職に対するロイヤル

ティーを高めることも有効だ。

　また、デジタルサービスを構築・改善する際は、小さな成功を積み重ね、日々議論しながら必要に応じて方向転換する。自分の意見を言いやすい風通しの良い職場や、新しいことに挑戦できる職場であることが重要である。「1on1 ミーティング」「OKR（Objectives and Key Results）評価」「360 度評価」などを調査して、自社に合ったものを取り入れ、デジタル人材を適正に評価する環境を整えよう。

　最後に、技術を好きなときに好きなだけ触れる環境も、デジタル人材にとって大きなモチベーションとなる。新しいデジタル技術を活用する際の条件・申請の手順などは必要最小限にしておこう。また、大量のデータを利用した場合でもストレスを感じない程度の時間で処理できるような、ハイスペックなパソコンを供給することも重要だ。デジタル人材が自由に使える、潤沢なリソースを準備しておきたい。

おわりに

　本書は2020年初頭から企画を始め、同年6月から「日経クロステック」に掲載したWeb連載「DXを支えるITアーキテクチャー構築法」が基になっている。つまり、本書の準備はちょうど新型コロナウイルスの感染拡大と時を同じくして進行した。

　企画が始まった頃はオフィスへ出社していた筆者たちも、次第に在宅勤務へと移行し、記事の構成の検討や、執筆、編集などの作業はほぼリモートで実施する形となった。新型コロナウイルスの流行が、働き方を大きく変えてしまったのである。

　仕事だけでなく、人々の消費行動、生活様式も変化した。その影響で、観光業や飲食業を始めさまざまな業界で従来の事業モデルが崩壊しつつあることが新たな社会課題となっている。テクノロジーの観点では、感染症を避けるための非接触（コンタクトレス）技術やサービスのニーズが高まってきた。ビジネスの観点ではオンラインサービスとオフラインサービスとの間で、それぞれの利点を生かした役割分担の見直しが進んでいる。そしてオンラインサービスの比率が高まる中、企業は生き残りをかけて今まで以上にDXを推進しようとしている。

　こうした先行き不透明な状況では、ついつい一足飛びに正解にたどり付けるようなソリューションが欲しくなる。とはいえ、本書でも解説したようにDXプロジェクトはそういった性質のものではない。最初はゴールが見えず、明確な要件が決められないこともあるだろう。多くの企業は試行錯誤を繰り返しながら、未知の領域の検討を進めざるを得ない。最初から完璧な形の成果を得ることは難しく、

何度も改善を重ねつつ情報システムを進化させていく必要がある。

　また、DXを支えるデジタル技術については、新しい、多種多様なものが次々に登場している。その中で一番新しいものが最も優れているわけではないし、競合他社が採用しているものが自社にも合うとは限らない。自社の業種、強み、市場の状況などを見極め、DXを実現するために最適なものを選び取る探索力が求められる。

　将来の予測が難しい中で、明快な正解のない曖昧な状況に耐えつつ、長年築き上げてきた自社システムを見直すのは大変な作業かもしれない。しかし、今後ますます多くの企業がこの課題に直面し、DXに踏み出すタイミングに来ているように感じる。こうした企業のDXへの取り組みが、新しい事業の展開ならびに昨今の社会課題の解決にもつながることを願っている。本書がその一助になれば幸いだ。

　最後になったが、本書の執筆に当たってお世話になった方々に感謝したい。共に執筆に携わってくれた8名の同僚コンサルタントたち、企画段階から協力いただいた野村総合研究所 IT アーキテクチャーコンサルティング部長の奥田友健さん、ならびに同部のメンバー皆のサポートなしに本書は完成しなかった。また本書の編集担当である日経BPの森重和春さん、田村奈央さんからは、書籍化に際してさまざまなアドバイスをいただいた。この場を借りてあらためて御礼を申し上げたい。ありがとうございました。

2020年11月
筆者を代表して
下田 崇嗣

著者プロフィール

第1章

下田 崇嗣（しもだ たかし）

野村総合研究所 IT アーキテクチャーコンサルティング部 グループマネージャー

2000年、野村総合研究所入社。基盤ミドルウェア開発、金融業界向けシステムの構築、エンハンス経験を経て、現在はシステム化構想・計画策定、PMO 支援などコンサルティング業務に従事。専門は、システム化構想・計画立案、アーキテクチャー設計。著書に『CIO ハンドブック 改訂4版、5版』（日経BP）がある。

第2章、第9章

齋藤 大（さいとう だい）

野村総合研究所 IT アーキテクチャーコンサルティング部 上級システムコンサルタント

2008年、野村総合研究所入社。およそ9年間の金融系基幹システムの新規構築・エンハンス経験を経て、現在は放送・通信業界を中心としたシステム化構想・計画策定や PMO 支援などのコンサルティング業務に従事。専門は基盤を中心としたシステム化構想・計画立案。

第3章

鶴田 大樹（つるた ひろき）

野村総合研究所 IT アーキテクチャーコンサルティング部 上級システムコンサルタント

2009年、野村総合研究所入社。クラウドサービスや金融機関向けサービスなどのシステム開発・エンハンス経験を経て、現在はシステム化構想・計画策定、PMO 支援などコンサルティング業務に従事。専門はシステム化構想・計画立案と実行支援。

第4章

中尾 潤一（なかお じゅんいち）

野村総合研究所 IT アーキテクチャーコンサルティング部 上級システムコンサルタント

2006年、国内のシステムインテグレーターに入社し、プライベートクラウドサービスの開発・運用やクラウド活用戦略の立案と実行支援の経験を経て、2019年に野村総合研究所入社。現在は基盤を中心としたアーキテクチャー標準の策定や次期インフラ基盤の構想などのコンサルティング業務に従事。専門はクラウド活用戦略の立案と実行支援。

第5章

神原 貴（かんばら たかし）

野村総合研究所 IT アーキテクチャーコンサルティング部 主任システムコンサルタント

2005年、大手通信会社に入社し、およそ10年間の製造・流通業向けシステム構築 PM・エンハンス経験を経て、2016年に野村総合研究所入社。現在は金融・不動産業界を中心としたシステム化構想・計画策定や PMO 支援などコンサルティング業務に従事。専門は、基盤およびセキュリティーを中心としたエンハンスの改善。

第6章

浦田 壮一郎 (うらた そういちろう)

野村総合研究所 IT アーキテクチャーコンサルティング部 上級システムコンサルタント

2004 年、日本 IBM に入社し、国内金融機関やグローバル企業向けのアウトソーシング事業の経験を経て、2016 年に野村総合研究所入社。現在はシステム化構想・計画策定、アーキテクチャー標準の策定、PMO 支援などコンサルティング業務に従事。専門はシステム化構想・計画の策定と実行支援。

第7章

野村 敏弘 (のむら としひろ)

野村総合研究所 IT アーキテクチャーコンサルティング部 副主任システムコンサルタント

2016 年、野村総合研究所入社。ネット予約・販売システムの刷新・エンハンスの経験を経て、現在はシステム化構想・計画策定、PMO 支援などコンサルティング業務に従事。専門はシステム化構想・計画策定と実行支援。

第8章

森田 暁 (もりた さとし)

野村総合研究所 IT アーキテクチャーコンサルティング部 上級システムコンサルタント

2005 年、富士通へ入社し、ネットワーク、セキュリティー機器開発やクラウドサービス事業立ち上げ、ビジネス企画、開発、運用の経験を経て、2017 年に野村総合研究所入社。現在はさまざまな次期システムの構想、計画策定などのコンサルティング業務に従事。専門はネットワーク、セキュリティー、クラウドを中心とした次期システム戦略立案と実行支援。

第10章

塩田 郁実 (しおた いくみ)

野村総合研究所 IT マネジメントコンサルティング部 上級システムコンサルタント

2008 年、野村総合研究所入社。多様な業態の企業・組織に対して、システム開発における実行支援からデジタル・IT 戦略策定に至るまで、幅広いコンサルティング業務に従事。専門はデジタル戦略策定、デジタル組織・人材変革、PMO 支援。

DX推進から基幹系システム再生まで
デジタルアーキテクチャー
設計・構築ガイド

2020 年 11 月 24 日　　第 1 版第 1 刷発行
2021 年 1 月 15 日　　　　第 2 刷発行

著　　　者	野村総合研究所
	下田 崇嗣、齋藤 大、鶴田 大樹、
	中尾 潤一、神原 貴、浦田 壮一郎、
	野村 敏弘、森田 暁、塩田 郁実
発 行 者	吉田 琢也
発　　　行	日経 BP
発　　　売	日経 BP マーケティング
	〒 105-8308
	東京都港区虎ノ門 4-3-12
装　　　丁	葉波 高人（ハナデザイン）
制　　　作	ハナデザイン
印刷・製本	図書印刷

ⓒ Nomura Research Institute, Ltd. 2020 Printed in Japan
ISBN978-4-296-10801-5